{ COSPLAY }

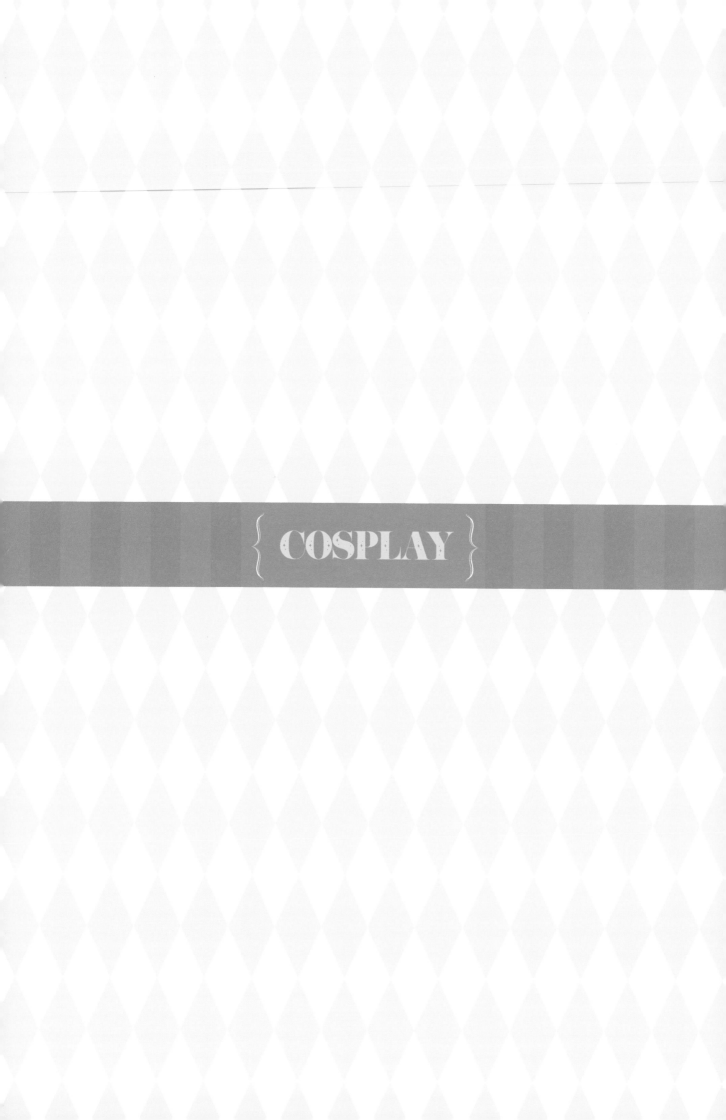

{ COSPLAY }

Coser的手作服華麗挑戰

自己作的 **COS** 服×道具

✶ ✶ Contents ✶ ✶

1 開始製作服裝前的準備

2 服裝製作

Girl's

Cross dress

Japanese clothes

Men's

特別 LESSON

Column

便利好用的製作技巧

要有效率的製作服裝，就必須記得本單元的縫製基本知識。
順利的縫製過程也可以大大提高製作效率喔！

製作服裝的順序

開始製作之前，先確認流程吧！

1. 確認設計圖

收集想要製作的服裝資料。並確認側面和背面等細節，以防有疏忽之處。

2. 製作紙型

必須要有專門的知識才有可能自己畫出紙型，所以比較推薦直接購買店裡或網路上販賣的類似紙型，來改成自己想要的設計款式。

連身裙 ／ COS服裝製作書

時間緊迫時的製作法

省時訣竅

3. 準備材料

紙型準備好之後，也將需要的布料或蕾絲、拉鍊都預先備齊。

4. 製作

裁剪布料，進行縫製，裝飾細節，製作衣服。

想要仔細的製作時

仔細製作

3. 試縫和補正

使用類似的布料（或便宜布料也OK），先車縫確認整體輪廓，調整腰圍尺寸或荷葉邊的分量。

4. 準備材料

試穿之後，計算所需準備的材料。

5. 製作

裁剪布料，進行縫製，裝飾細節，製作衣服。

 完成！

工具說明

介紹製作服裝時不可缺少的工具。

基本工具

①布剪
裁剪布料的專用剪刀。
千萬不可以用來剪紙，
刀刃會變得不銳利。

②針插
可集中插上珠針或
手縫針。

③紗剪
剪紗線的小剪刀。

④手縫針
手縫釦子或藏針縫時
使用的手縫專用針。

⑤珠針
將兩塊布疊合時
所固定的針。

⑥手縫線
手縫專用線。

⑦車縫線
車縫專用線。

⑧疏縫線
可使用疏縫線
暫時固定布料。

⑨紙剪
紙張專用剪刀，
美工刀也OK。

⑩自動鉛筆
描繪紙型時使用。

⑪紙鎮
固定紙型或布料，
避免移動時使用。

⑫熨燙台
熨燙時使用。
和熨斗為一組。

⑬熨斗
燙平皺褶、摺疊縫份時使用。

⑭複寫紙
將紙型的記號複印
至布料上。

⑮消失筆
在布料上畫上記號。

⑯拆線器
有U字形的刀刃，可拆
線或裁剪布料纖維。

⑰錐子
整理細部時使用。

⑱點線器
使用鋸齒刀刃描繪
紙型輪廓。

⑲捲尺
測量尺寸時使用。

⑳直尺
50cm的直尺，
使用起來最方便。

㉑描圖紙
描繪紙型時使用的
半透明紙張。

縫製工具的使用方法

拆線器

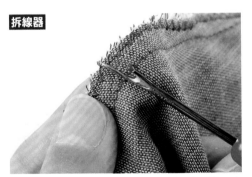

有U字形的刀刃，車縫錯誤時拆線，或開釦眼都可以
使用，非常方便。

點線器

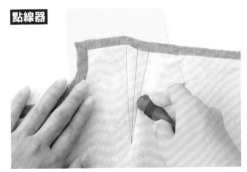

搭配複寫紙一起使用。將正面相對疊合的複寫紙包夾
至布料之間，以鋸齒狀的部位描繪紙型輪廓，轉印在
布料上。

錐子

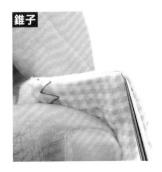

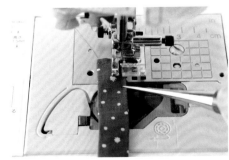

整理邊角，或輔
助車縫時的工
具，也可進行拆
線等細部處理。

車縫線／FUJIX　熨燙台・熨斗・自動鉛筆・手縫線・紙剪之外皆為／CLOVER

布料

布料的種類非常眾多，以下介紹適合製作COSPLAY服裝的布料。

適合製作COSPLAY服裝的布料

斜紋布
以斜向織紋構成的斜紋布總稱。COSPLAY服裝盡量使用化纖100％的質料較為合適。

軋別丁
斜紋織布的一種，依據品牌不同厚度也有差異。英文為Gabardine。

沙典布
以緞紋組織製成的布料，表面有光澤。

梨面布
布表面呈現皺褶紋路，非常適合打造和風裝扮時使用。

密織平紋布
直布紋和橫布紋密織的輕薄布料，T/C密織平紋布為化纖混織材質。

中國風緞布
在織布同時於布面織出花紋，類似提花布料。

網紗
輕薄且具透視感的網狀布料，有分軟質網紗和硬質網紗。

合成皮草
皮毛很長。模仿天然皮草製成的人工毛皮。

合成皮革
於表面塗抹合成樹脂，仿製成天然皮革質感的布料。

雙向針織布
直、橫布紋皆有伸縮性質的布料，適合製作合身剪裁的設計款式。

刷毛布
背面為毛圈狀的布料。適用於製作運動休閒服、連帽服。

布料各部位名稱

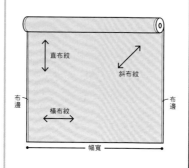

直布紋	織線折返處，布料的兩側。
幅寬	布邊與布邊的長度。
直布紋（布目）	布目方向。與布邊平行的布紋。
橫布紋	與布邊垂直的布紋。
斜布紋	與布邊呈現45°的正斜布紋，不易鬚邊。因不易綻布且具伸縮性，也可作為斜布條包邊使用。

紙型

請善用本書附贈的原寸紙型。

原寸紙型的使用方法

描繪

→ **直接使用**
→ **修改設計**

直接使用
↓
加上縫份
↓
裁剪布料

修改設計
增加剪接
改變長度
加入荷葉邊
加入細褶
……等

紙型的記號

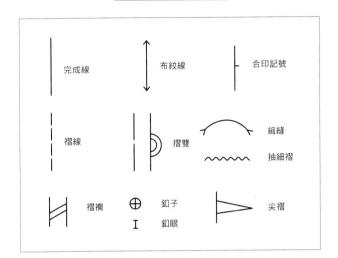

完成線	布紋線	合印記號
褶線	摺雙	縮縫
		抽細褶
褶襉	釦子 釦眼	尖褶

描繪紙型

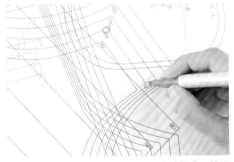

在想要描繪的紙型的邊角，作上小小的記號，就可以輕鬆描繪。

紙型上疊上描圖紙等輕薄透明的紙，固定至腰圍處後以直尺描繪。 ※若是四角形的款式，沒有附贈紙型時，請直接以消失筆在布料上描繪。

描繪好的紙型加上縫份

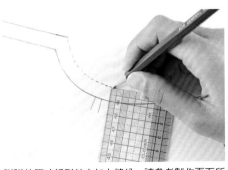

附贈的原寸紙型並未加上縫份。請參考製作頁面所記載的縫份尺寸，以直尺描繪加入。

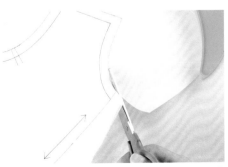

畫上合印記號和布紋線之後，以剪刀或美工刀裁下。

斜向邊角加上縫份的方法

描圖紙
袖子
縫份
完成線
縫份

①邊角之外的縫份加上之後，邊角周圍預留多一點分量裁剪。

袖子
縫份
完成線

②袖口摺疊至完成線，沿著袖下縫線裁剪多餘部分。

袖子
縫份
完成線
縫份

③這樣就可以車縫出漂亮的縫份了。

7

裁剪&作記號

**紙型完成之後就可以開始裁剪布料。
接著作上合印記號，讓車縫時更方便。**

裁剪

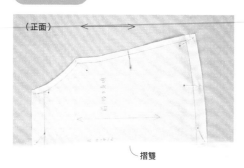

（正面）

摺雙

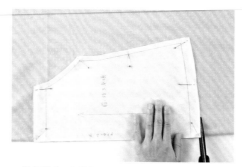

使用輪刀時

1 放置紙型對齊布紋線，為避免錯開以珠針加以固
定。布料背面相對對摺，左右需對稱以便裁剪。

2 沿著紙型以布剪裁剪布料。

下面需要鋪上切割墊，
沿著紙型切下。

對花

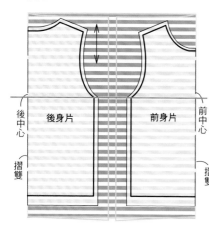

後中心

後身片　　前身片

前中心

摺雙　　　　　摺雙

褲子
放置紙型時注意
下襬的圖案必須一
致。另外將下襬對
分兩等份，沿著直
線圖案必須對稱。

上衣
袖襱底部沿著中
心畫上垂直線，
直線兩側圖案必
須對稱一致。

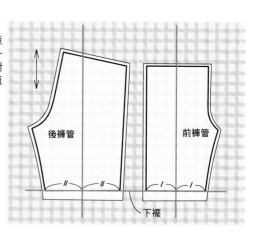

後褲管　　　　前褲管

下襬

作記號

**點線器
&布用複寫紙**

在背面相對疊合
的兩塊布料中間
夾上複寫紙，並
以點線器描繪。
這樣一次就可以
描繪兩片布料。

剪牙口

以剪刀在記號
處剪入0.2至
0.3cm的牙口。
因為會裁剪到布
料，不適合尖褶
記號使用。

消失筆

在紙型上以錐子
鑽一個小孔，就
可以輕鬆畫上記
號。

記號線

在布料上放置紙型，以疏縫線沿著
完成線作上記號。剪掉布料表面間
連接的疏縫線之後拆掉紙型。裁剪
兩片布料之間的疏縫線，並搓揉露
在表面的線端。

黏著襯

為了讓服裝看起來更加筆挺，必須在指定位置上貼上黏著襯。

關於黏著襯

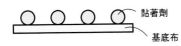

黏著劑
基底布

基底布的背面是附上黏著劑的襯。貼於衣領、或貼邊背面，以進行補強或營造挺立感。也可以輔助製作出漂亮的形狀。

※依照黏著襯種類的不同，使用熨斗溫度或熨燙時間也會不同，先貼在碎布上試試效果，再貼在正式布料上會比較保險。

種類

梭織襯
基底布是平織材質，適合用在一般平織材質的布料上。

針織襯
編織而成的基底布，推薦搭配具有伸縮性的布料。

不織布襯
不同方向的纖維聚集在一起而成的基底布。裁剪時不需考慮布紋方向。

合成皮革等布料，無法使用高溫熨燙貼合，請使用貼紙或可低溫熨燙的款式。

黏著襯的貼法

全面貼合

1 將要黏貼黏著襯的布料大致裁剪下來（粗裁）。

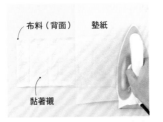

布料（背面）　墊紙

黏著襯

2 在布料背面貼上和布料相同大小的黏著襯（有著粗膠粒的那一面）。放上墊紙，以熨斗熨燙黏著襯。

3 待布料冷卻安定後，再以珠針別上紙型，並依照紙型剪下部位。

4 這樣整面貼上黏著襯的布料就裁剪完成了。

部分貼合

1 裁剪下需要黏貼的黏著襯形狀。

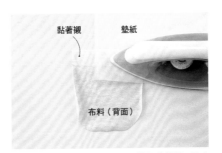

黏著襯　墊紙

布料（背面）

2 布料背面需要黏貼的位置上放置黏著襯，放上墊紙，以熨斗熨燙黏著襯。

3 這樣部分布料就貼上黏著襯了。

黏著襯／CLOVER

車縫

記號標記完成後，接著只需進行車縫即可完成。

布料的厚度&針&線

布料	薄布料 精梳棉布・歐根紗・薄沙典布等	一般布料 府綢・斜紋棉布・梨面布等	厚布料 丹寧布・合成皮革等
針	9號	11號	14號
線	90號	60號	30號

※如果使用不適合的針進行車縫，可能會導致折斷。

回針縫

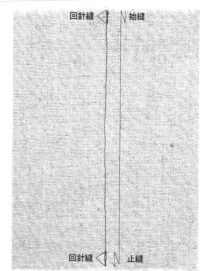

始縫和止縫處，為避免縫線脫落，需進行2至3針回針縫。

※但製作細褶時不需要。

線的張力

當上線太緊時，下線會浮出布料表面，此時請調鬆上線。

上線和下線張力恰到好處。

上線太鬆，會浮出於布料背面。此時請調緊上線。

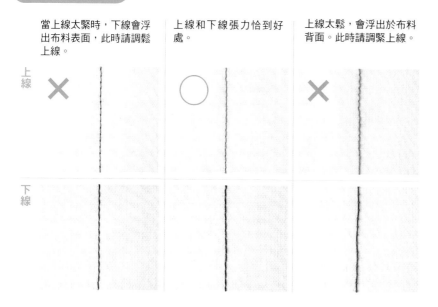

上線 ✕ ○ ✕

下線

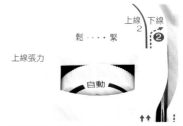

正式車縫之前，請先確認縫線的張力。上線和下線張力均衡才是正確車縫狀態。不論車縫線太鬆或太緊都不行，可轉動張力調節鈕加以調整。

縫線長度

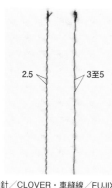

2.5 3至5

普通一針的長度約為0.25cm左右。但抽細褶或縮縫時，則需調成粗針目車縫，針目約0.3至0.5cm。

本書所使用的縫紉機

soleil80
／Brother販售

只需輕鬆按鈕就可以控制縫線長度和樣式。非常適合初學者使用。再搭配腳踏板，這樣兩手就可以輕鬆地製作服裝。

車縫針／CLOVER・車縫線／FUJIX

處理縫份

為了讓服裝看起來更加筆挺，必須在指定位置上貼上黏著襯。

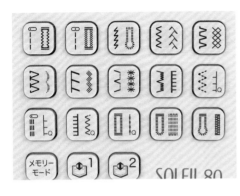

為避免綻線，布邊需進行拷克。請選擇想要的圖案按鈕。依照不同方法，也有可能需更換壓布腳。

Z字形車縫

一般的布邊車縫方法。

3點Z字形車縫

適用於厚布料或具伸縮性的布料。

布邊縫

A

適用於輕薄布料或一般布料。

B

適用於厚布料或易綻布的布料。

C

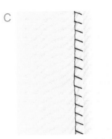

適用於具伸縮性的布料。

防綻線液

塗抹於布邊，可預防綻線。

二摺邊車縫

布邊往內摺一次。由於布料背面側看得到布邊。所以先進行Z字形車縫再內摺車縫固定。

三摺邊車縫

布邊往內摺兩次，這樣布邊就摺到內側了。

整燙

整燙可說是製作衣服時，左右成品好壞非常重要的一環。
熨燙皺褶，縫份確實整燙，便可作出漂亮的衣物。

倒向單側

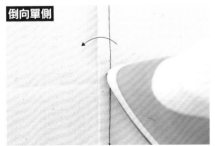

以熨斗將縫份倒向一側。

燙開

將縫份往左右燙開。

壓燙

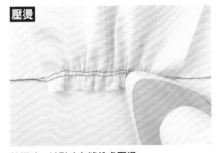

抽褶時，以熨斗在縫份處壓燙，讓縫份處的褶子定形。

防綻線液／CLOVER

服裝製作

善用紙型作為服裝的基本架構，
比起從頭製作紙型，更能簡單輕鬆的製作服裝。
也可以挑戰各種不同款式的設計喔！

Girl's
～可愛又俏皮的女生款式～

 性感中式旗袍
mandarin gown

胸前大大鏤空的性感中式旗袍。搭配雙向針織布製作的露肩小
可愛，強調出性感的胸部曲線。

 SIDE

 BACK

 INNER

How to make **P.60**

Design **Atelier Angelica**

布料・鈕子提供　CLOTHic

2　三層荷葉邊蛋糕裙
frilled skirt

以長方形布片製作而成，即使沒有紙型，
也可以直接裁剪布料進行縫紉。

3　網紗襯裙
tulle skirt

將蛋糕裙的布料改成網紗布料，可以當成襯裙搭配使用。

STEP 2·Girl's

How to make　**P.62**

Design　**岡本伊代**

布料提供 OKADAYA新宿本店・町田店（50D網紗）

學院風格紋背心
vest

一體成形的領子，剪接線以織帶裝飾。腰部的尖褶設計，可突顯纖瘦的美麗曲線。

How to make **P.64**

Design **cosmode**

布料提供 CLOTHic

短版玩偶裝
animal suit

彈性絨毛布料，讓穿著者行動更方便，並可展現身體的線條。短褲下襬採鬆緊帶設計。

How to make **P.66**

Design **おさかなまんぼう**

布料提供 OKADAYA新宿本店（彈性絨毛布料）

6 皺褶造型襯衫
shirring blouse

搭配鬆緊帶車縫技巧產生皺褶的造型襯衫，領子和袖子上
的蝴蝶結都可以拆下。

SIDE

BACK

How to make **P.68**

Design **おさかなまんぼう**

布料提供 OKADAYA新宿本店（T/C密織平紋布）

鬆緊帶提供 KAWAGUCHI

7 高腰裙
high waist skirt

沿著腰部展現美麗曲線，往下散開優雅的傘狀裙片。背面
採綁帶設計。

SIDE

BACK

How to make **P.70**

Design **Atelier Angelica**

布料提供 大塚屋

緞帶・花邊提供 ハマナカ

STEP **2** · **Girl's**

8 露肩禮服
strapless dress

胸下設計了剪接線，並在背面車縫鬆緊帶加以固定。如果還是
擔心會走光，可再縫上透明肩帶。

SIDE

BACK

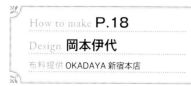

How to make **P.18**

Design **岡本伊代**

布料提供 OKADAYA 新宿本店

 9 燈籠袖禮服
puff sleeve dress

由兩片布所構成的燈籠袖，造型非常漂亮。裙片為大量的
垂墜設計，腰部還有V字形的剪接線。

How to make **P.72**

Design **nekoglory**

布料提供 OKADAYA 新宿本店

SIDE

BACK

裁布圖

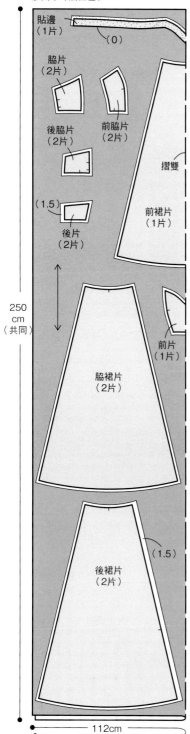

沙典布（酒紅色）

貼邊（1片）
（0）
脇片（2片）
後脇片（2片）
前脇片（2片）
摺雙
前裙片（1片）
（1.5）
後片（2片）
250cm（共同）
脇裙片（2片）
前片（1片）
後裙片（2片）
（1.5）
112cm

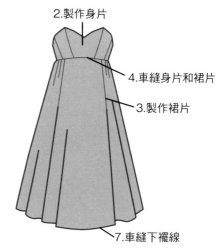

厚棉布料（白色）
裡後身片（2片）
（1.5）
40cm
裡後脇片（2片）
裡脇片（2片）
裡前脇片（2片）
裡前片（1片）
112cm

※（　）中的數字為縫份。
※除指定處之外，縫份皆為1cm。
※在▭的背面貼上黏著襯。

《 原寸紙型 》

2面F-1前片・裡前片、F-2前脇片・裡前脇片、F-3脇片・裡脇片、F-4後片・裡後片、F-5後脇片・裡後脇片、F-6前・脇・後裙片、F-7貼邊

《 完成尺寸 》

從左至右S／M／L／LL
胸圍：81／84／87／90 cm
裙長（從胸下開始）：
69.8／70.3／70.8／71.3cm

《 材料 》

沙典布（酒紅色） 寬112cm×250cm
厚棉布（白） 寬112cm×40cm
黏著襯 寬112cm×10cm
鬆緊帶寬2.5cm　20・17cm各1條
隱形拉鍊長56cm 1條
鉤釦　1組
前鉤釦　1組
釦子專用縫線（手縫線）

製作順序

2.製作身片
4.車縫身片和裙片
3.製作裙片
7.車縫下襬線

6.接縫貼邊
1.貼上黏著襯
9.裝上前鉤釦
10.裝上線環
8.裝上鉤釦
5.車縫拉鍊

※基本的縫製方法請參考P.3。
※使用soleil80（Brother販售）縫紉機。
※為了便於解說辨識，選用了顏色明顯的縫線＆布料。

① 貼上黏著襯

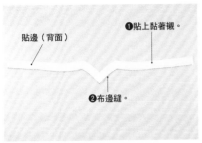

貼邊（背面）
❶貼上黏著襯。
❷布邊縫。

貼邊背面貼上黏著襯，下端進行布邊縫避免綻線。

② 製作身片

裡前片（正面）
前片（背面）

1 前片和裡前片背面相對疊合。

背面相對疊合
裡前片（正面）
1   1

2 背面相對疊合，沿著前脇邊完成線，兩片一起車縫。

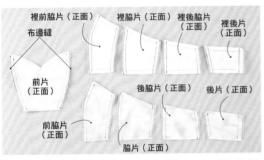

裡前脇片（正面）　裡脇片（正面）　裡後脇片（正面）　裡後片（正面）
布邊縫
前片（正面）
前脇片（正面）
後脇片（正面）　後片（正面）
脇片（正面）

3 前脇片・脇片・後片各自和裡布背面相對疊合，車縫兩脇邊的完成線。最後兩脇邊各自進行布邊縫。

前片（正面）　裡前脇片（正面）
1

4 前片和前脇片正面相對疊合，車縫完成線。燙開縫份。

確認車縫針的位置再進行車縫。

STEP 2·Girl's

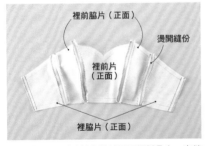

裡前脇片（正面）
燙開縫份
裡前片（正面）
裡脇片（正面）

5 同步驟4，前脇片和脇片正面相對疊合，車縫完成線。燙開縫份。

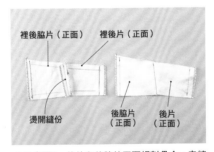

裡後脇片（正面）　裡後片（正面）
燙開縫份
後脇片（正面）　後片（正面）

6 同步驟4，後片和後脇片正面相對疊合，車縫完成線。燙開縫份。

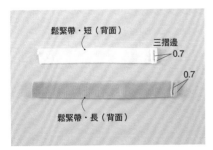

鬆緊帶・短（背面）
三摺邊
0.7
0.7
鬆緊帶・長（背面）

7 鬆緊帶單邊三摺邊車縫。
※為了便於解說辨識，選用了顏色明顯的鬆緊帶。

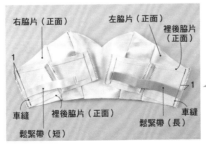

右脇片（正面）　左脇片（正面）
裡後脇片（正面）
1
1
車縫　裡後脇片（正面）　車縫
鬆緊帶（短）　鬆緊帶（長）

8 脇片和後脇片正面相對疊合，依合印記號位置放置鬆緊帶後車縫。燙開縫份。

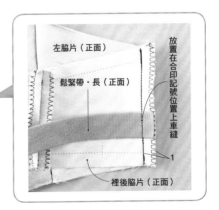

左脇片（正面）
鬆緊帶・長（正面）
放置在合印記號位置上車縫
1
裡後脇片（正面）

③ 製作裙片

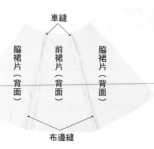

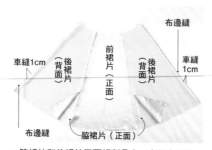

右上角：0.5　0.7

1 前裙片和脇裙片正面相對疊合，車縫完成線。縫份兩片一起進行布邊縫，縫份倒向脇裙片側。

2 脇裙片和後裙片正面相對疊合，車縫完成線。縫份兩片一起進行布邊縫，縫份倒向後裙片側。

3 腰圍縫份內側車縫兩條粗針目縫線，兩端預留縫線8cm左右。

④ 車縫身片和裙片

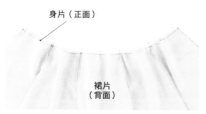

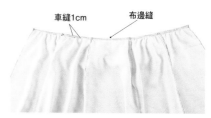

1 身片和裙片正面相對疊合，以珠針固定合印記號處。

2 抽拉裙片上兩條粗針目縫線的下線，作出細褶。

3 沿完成線車縫。縫份兩片一起進行布邊縫。

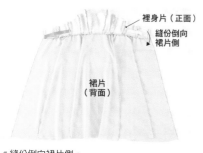

4 縫份倒向裙片側。

⑤ 車縫拉鍊

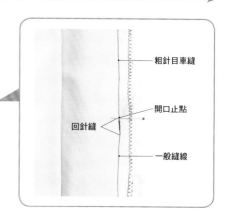

1 身片和裙片正面相對疊合，車縫後中心。從上端至開口止點以粗針目車縫，恢復一般縫線後進行回針縫，車縫至下襬。

2 燙開縫份。

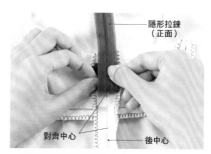

3 對齊隱形拉鍊的正面中心處和後中心。

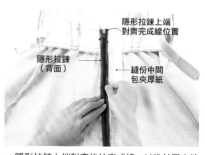

4 隱形拉鍊上端對齊後片完成線，以珠針固定縫份處。縫份和身片之間包夾厚紙，這樣就可輕鬆固定縫份。

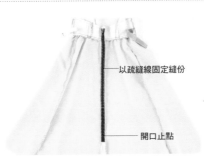

以疏縫線固定縫份
開口止點

5 另一側也以珠針固定。

6 以疏縫線將拉鍊固定至縫份上,從上端到開口止點全部加以固定。和步驟4方法一樣包夾厚紙,即可輕鬆固定至縫份上。

0.5

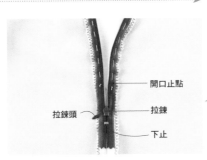

開口止點
拉鍊頭
拉鍊
下止

裙片(背面)
裙片(正面)
開口止點

7 以錐子拆除至開口止點處的粗針目車縫線。

8 將下止和拉鍊拉至開口止點下方。將拉鍊頭壓至身片和拉鍊中間,收於內側。

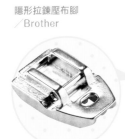
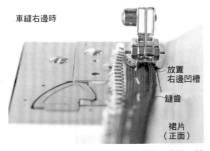
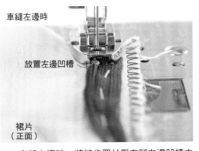

隱形拉鍊壓布腳 /Brother

車縫右邊時
放置右邊凹槽
鏈齒
裙片(正面)

車縫左邊時
放置左邊凹槽
裙片(正面)

9 換成隱形拉鍊壓布腳。車縫右邊時將右邊鏈齒置於壓布腳凹槽中進行車縫。請確認縫針的位置。車縫前襟,車縫至開口止點前0.1至0.2cm處。

10 車縫左邊時,將鏈齒置於壓布腳左邊凹槽中進行車縫,車縫至開口止點前0.1至0.2cm處。

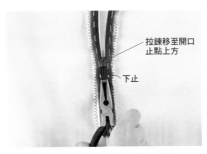
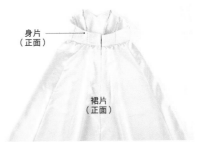

拉鍊移至開口止點上方
下止

身片(正面)
裙片(正面)

11 拉鍊車縫完成。拉鍊移至開口止點上方。

12 下止移至開口止點處,再以鐵鉗夾緊固定。拆除疏縫線。

13 拉鍊完成。從正面看不到隱形拉鍊和縫線。

⑥ 接縫貼邊

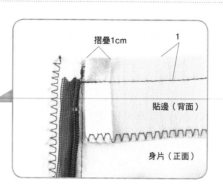

貼邊（背面）
身片（正面）
1 1　1　1

摺疊1cm　1
貼邊（背面）
身片（正面）

1 摺疊貼邊兩端縫份1cm，和身片正面相對疊合，車縫完成線。

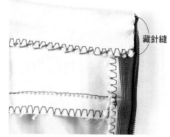

剪掉　0.5　剪牙口　0.5　剪掉
牙口剪至完成線前端為止

2 凸起弧度部分的縫份裁剪0.5cm，前中心和周圍縫份剪牙口。前中心牙口盡量靠近完成線處。

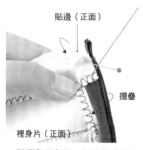

貼邊（正面）
摺疊
裡身片（正面）

3 貼邊翻至內側，下端藏針縫固定至身片。縫線打結，從貼邊內側入針拉出縫線。

4 間隔0.7至1cm左右挑起裡身片後，由貼邊正面拉出縫線。

5 接著依同樣步驟，空出同樣間隔挑起裡身片後，由貼邊正面拉出縫線。完成之後打結裁剪即可。

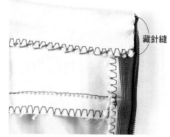

藏針縫

6 貼邊兩端藏針縫至拉鍊。

⑦ 車縫下襬線

三摺邊壓布腳／Brother販售

裙片（背面）

1 縫紉機換成三摺邊壓布腳，下襬進行三摺邊車縫。如果沒有壓布腳，可以先二摺邊或三摺邊後再車縫。使用Z字形車縫也OK。

裙片（背面）
裙片（正面）

2 下襬進行三摺邊車縫。

⑧ 裝上鉤釦

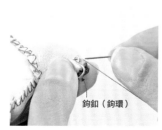

鉤釦（鉤環）

1 將鉤環放置後右片的拉鍊邊端處。手縫針插出正面，挑起布料纖維一針後插入鉤環內後出針。

2 從貼邊出針的縫線繞在縫針上。

3 出針後拉出縫線。

4 接著從側面入針後由鉤環內出針。重複2至4步驟。

5 手縫固定好兩個洞孔。

6 為了避免洞孔移動，再穿過縫線加以固定。

7 鉤釦邊端對齊拉鍊的邊端手縫固定。注意兩邊的鉤釦的位置必須一致。

⑨ 裝上前鉤釦

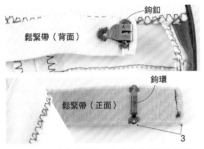

鉤釦
鬆緊帶（背面）
鉤環
鬆緊帶（正面）
3

鬆緊帶兩端縫上前鉤釦。右後身片側縫上鉤釦，左後身片鉤環。手縫方法同鉤釦。

⑩ 裝上線環

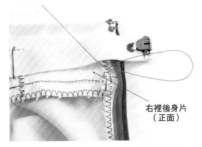

右裡後身片
（正面）

1 將鬆緊帶平放，製作固定鬆緊帶用的線環。從身片縫份出針，挑起一針後出針。

2 將手指放入步驟1製作出來的線環。

3 以手抓住縫針側的縫線，放進線環裡。

4 抽拉步驟3的縫線，製作環狀。

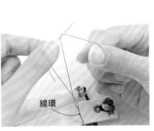

線環

5 重複步驟2至4，製作鬆緊帶寬度+0.5cm長度的線環。最後將針穿過環線抽拉縫線即可。

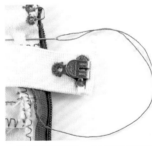

6 線環繞過鬆緊帶，入針打結後剪掉縫線。

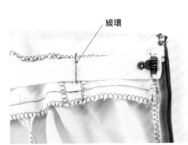

線環

7 右後身片、後身片和後脇片的縫份均需製作線環。

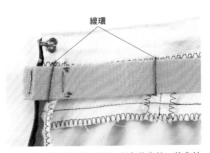

線環

8 左後身片也依同樣方法，在左後身片、後身片和後脇片的縫份製作線環。

完成！

STEP 2・Girl's

23

Cross dress

~帥氣的男子正式服裝~

 燕尾服
tailcoat

合身的燕尾服。想要搭配和布料一樣顏色的釦子時,可以使用包釦工具來製作。

SIDE

BACK

How to make　**P.75**

Design　**cosmode**

布料提供　CLOTHic

11 短版斗篷
short cape

立領設計的短版斗篷。肩膀上有尖褶設計，讓整體的傘狀線條更加流暢。

SIDE

BACK

How to make **11/P.80．12/P.78**

Design **岡本伊代**

12 連帽披風
cloak

將短版斗篷加長，並將領子改為連帽設計。使用大量的布料，展現美麗垂墜的輪廓線。

SIDE

BACK

13 **背心**
vest

校園制服風的簡單背心款式，搭配上以四方布料縫合的假口袋設計。

How to make **P.81**

Design **留衣工房**

布料提供 YUZAWAYA

14 **合成皮革長褲**
fake leather pants

後片加上剪接設計，並車縫上口袋。以熨斗熨燙時，請先以其他布料試試溫度，並注意維持中溫以下。

How to make **P.83**

Design **留衣工房**

布料提供 CLOTHic

合成皮革的車縫方法

學習合成皮革的車縫方法,可以製作出更多不同種類的服裝。

車縫的設定

車縫合成皮革需調整縫紉機的設定。

縫紉機	設定
車縫針	11號 ※厚布料請使用14號
車縫線	60號 ※厚布料請使用30號
車縫線張力	稍弱一點
縫線長度	稍粗針目一點
壓布腳壓力	較弱一點

合成皮革可以使用熨斗燙貼黏著襯嗎?

熨斗熨燙合成皮革時,有可能因為熱度造成融化,所以貼上黏著襯時,請使用可低溫黏合的黏著襯。

縫紉機設定完成之後,請使用布料試縫看看,沒有問題之後才正式開始車縫。

必要的工具

車縫合成皮革時的得力小幫手。

◀ 使用鐵氟龍壓布腳

◀ 使用一般壓布腳

合成皮革用
(鐵氟龍壓布腳)

使用鐵氟龍壓布腳就不會造成摩擦,可順利車縫合成皮革。

矽立康潤滑劑

矽立康潤滑劑可降低阻力,順利進行車縫。

於車縫針或壓布腳背面塗抹矽立康潤滑劑。

無法準備工具時

如果在無法備齊工具時,請準備描圖紙或輕薄的紙張代替。合成皮革疊上紙張一起車縫,完成後取下紙張即可。

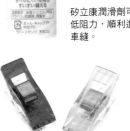

強力夾

合成皮革插入珠針會留下針孔痕跡,因此使用強力夾代替。

鐵氟龍壓布腳/Brother販售　矽立康潤滑劑·強力夾/CLOVER

15 水手服
sailor blouse

就像是以前少女漫畫裡會出現的可愛小男生，所穿著的俏皮水
手服。

SIDE

BACK

How to make　**P.86**

Design　**おさかなまんぼう**

布料提供　Charanuno　（化學纖維斜紋布／白色）

16 POLO 衫
polo shirt

非常適合運動或休閒風的造型。因為使用針織布料,所以製作時要搭配針織布專用車縫針和車縫線。

How to make **P.88**

Design 留衣工房

布料提供 OKADAYA 新宿本店

17 貓耳連帽衫
parka with cat ear

塞有單膠襯棉的貓耳更顯蓬鬆俏皮,袖口和下襬都使用一樣的布料製作。

How to make **P.31**

Design 留衣工房

布料提供 大塚屋

針織布的車縫法

使用具伸縮性的針織布料時，要車縫出漂亮作品，一定要準備好工具，並徹底了解車縫方法。

必備工具

介紹縫製針織布的所需工具，車縫前請先準備好。

針織布專用車縫針
避免傷及針織布料，針尖為圓形的車縫針。

針織布專用車縫線（Resilon）
可以隨著布料伸縮的車縫線。

強力夾
不適合使用珠針的針織布料，改用強力夾較為便利。也可使用洗衣夾代替。

縫法

普通的車縫線一抽拉就易斷裂，所以必須調整為伸縮車縫針法。

伸縮車縫
斜向車縫Z字形，具有伸縮性。

三重車縫
同一處進行三重車縫的堅固縫線。

壓力調整鈕

改變壓布腳的壓力。

弱　　　強

使用針織布時，如果壓力太強，布料易伸展，請將壓力調弱後再車縫。

縫份處理

針織布料處理縫份的方法。

布邊縫
使用針織布時最為推薦的縫份處理法。

3點Z字形車縫
比起一般Z字形車縫，效果更加堅固。

車縫

介紹一些車縫的小訣竅。

針織布料疊合車縫時，有時候兩邊的長度不一，可將較短的那邊拉長配合另一邊的尺寸車縫。

熨燙

車縫針織布料時，有時布邊會拉伸而呈波浪狀，這時要以熨斗熨燙整理。

布邊處理完後，有時候會呈現波浪狀。

將熨斗設定為蒸汽狀態，壓住布料整燙。

這樣波浪狀就平整了。

針織布料專用車縫針・強力夾／CLOVER　Resilon／FUJIX

17 貓耳連帽衫 >>> P.29
parka with cat ear

指導／留衣工房

裁布圖

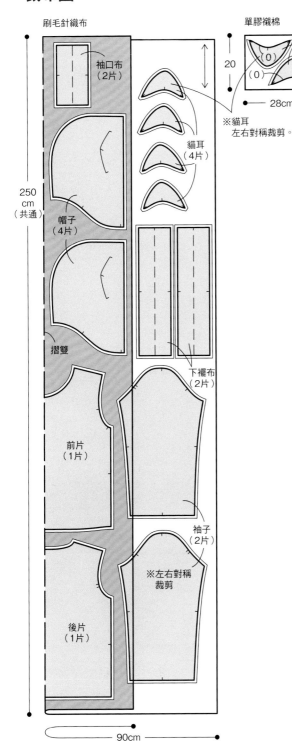

刷毛針織布

袖口布（2片）

帽子（4片）

摺雙

前片（1片）

後片（1片）

250 cm（共通）

90cm

下襬布（2片）

貓耳（4片）

袖子（2片）

※左右對稱裁剪

單膠襯棉

20

28cm

貓耳（2片）

（0）

（0）

※貓耳
左右對稱裁剪。

※縫份1cm。

※基本的縫製請參考P.3。
※使用soleil80（Brother販售）縫紉機。
※為了便於解說辨識，選用了顏色明顯的縫線&布料。

《 原寸紙型 》

5面O-1前片・O-2後片・O-3袖子・O-4帽子・O-5
袖口布・O-5下襬布・O-6貓耳

《 完成尺寸 》

從左至右S／M／L／LL
胸圍：97／100／103／106cm
身長64／65.3／66.6／67.8cm

《 材料 》

・刷毛針織布　寬90×250cm
・單膠襯棉　厚1.5cm（硬厚）28×20cm
・針織布用車縫線

製作順序

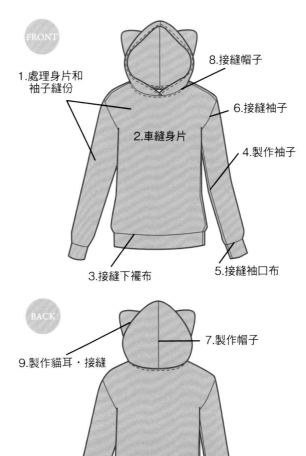

FRONT

1.處理身片和
　袖子縫份

2.車縫身片

3.接縫下襬布

8.接縫帽子

6.接縫袖子

4.製作袖子

5.接縫袖口布

BACK

7.製作帽子

9.製作貓耳・接縫

① 處理身片和袖子縫份

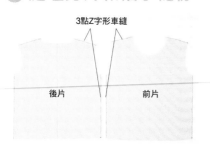

3點Z字形車縫

後片　前片

※參考P.30針織布車縫方法。

1 前片和後片的脇邊和肩線縫份以3點Z字形車縫。針織布料也可以使用布邊縫。

袖子

3點Z字形車縫

2 袖下縫份進行3點Z字形車縫。

② 車縫身片

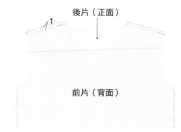

後片（正面）

前片（背面）

1 前片和後片正面相對疊合，車縫肩膀完成線。

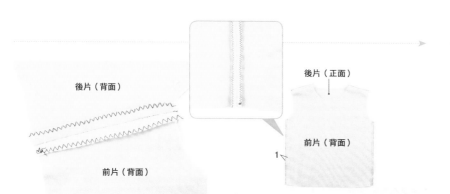

後片（背面）

前片（背面）

2 燙開肩膀縫份。

後片（正面）

前片（背面）

3 前片和後片正面相對疊合，車縫脇邊，燙開縫份。

③ 接縫下襬布

下襬布（背面）

1 兩片下襬布背面相對疊合，車縫脇邊完成線。

下襬布（背面）

2 燙開縫份。

摺雙

下襬布（正面）

3 背面相對對摺。

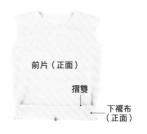

前片（正面）

摺雙

下襬布（正面）

4 身片和下襬布正面相對疊合，對齊身片脇邊和下襬布縫線，以強力夾固定前後中心和脇邊。身片的長度會較長一點。

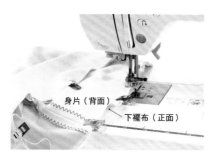

身片（背面）

下襬布（正面）

5 車縫時要可以看到身片內側。

稍稍拉伸下襬布

6 一邊拉長下襬布配合身片長度，車縫完成線。

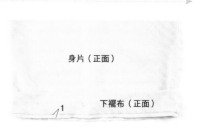

身片（正面）

下襬布（正面）

7 車縫下襬布和身片。

8 三片縫份一起進行3點Z字形車縫。

3點Z字形車縫

前片（正面）

下襬布（正面）

9 翻起下襬布，縫份倒向身片側。

袖子（背面）

1

1 袖子正面相對疊合，車縫袖下完成線。

袖子（背面）

2 燙開縫份。另一側袖子也以同樣方法製作。

袖口布（背面）

摺雙

1

1 袖口布正面相對對摺，車縫完成線。

袖口布（背面）

2 燙開縫份。

摺雙

袖口布（正面）

3 背面相對對摺。

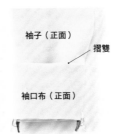

袖子（正面）

摺雙

袖口布（正面）

4 袖子和袖口布正面相對疊合，以強力夾固定。對齊袖下和袖口布縫線。袖下縫份分量稍多一點。

1

5 同③的步驟⑥，稍稍拉長袖口布配合袖子長度，車縫完成線。

3點Z字形車縫

6 三片縫份一起進行3點Z字形車縫。

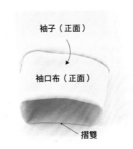

袖子（正面）

袖口布（正面）

摺雙

7 翻起袖口布。縫份倒向袖側。另一側也以相同方法接縫袖口布。

0.5 0.7

袖子（背面）

8   8

1 袖山的縫份處車縫兩條粗針目縫線。

STEP 2 ▸ Cross dress

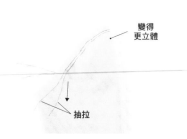

變得更立體

抽拉

2 稍稍抽拉兩條下線，袖子形狀會更立體。注意完成線處不可有皺褶。

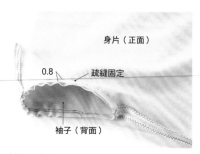

身片（正面）

0.8

疏縫固定

袖子（背面）

3 袖子和身片正面相對疊合，疏縫暫時固定。袖片有分前後側，請注意左右袖的位置。

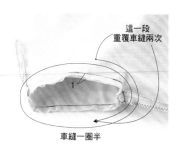

這一段重覆車縫兩次

1

車縫一圈半

4 車縫袖子和身片完成線。需補強的部分進行重複車縫。

3點Z字形車縫

5 兩片縫份一起進行3點Z字形車縫。

袖子（正面）

前片（正面）

6 袖子翻至正面，縫份倒向身片側。另一側袖子請以相同方法車縫。

⑦ 製作帽子

1

帽子（背面）

帽子（正面）

1 兩片帽子正面相對疊合，沿著中心完成線車縫。

帽子（背面）

製作2片

2 燙開縫份。另一片依同樣方法車縫。

表帽（背面）

1

裡帽（正面）

3 表帽和裡帽正面相對疊合，沿著中心完成線車縫帽口。

表帽（正面）

0.5

裡帽（正面）

4 翻至正面熨燙整理。帽口壓裝飾線。

⑧ 接縫帽子

表帽（正面）

疏縫固定

1 整理好帽形，稍稍錯開裡領領圍的縫份後，直接疏縫暫時固定。

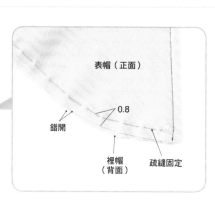

表帽（正面）

0.8

錯開

裡帽（背面）

疏縫固定

後片（背面）

裡帽（正面）

疏縫固定

表帽（正面）

0.4

前片（正面）

2 表帽和身片正面相對疊合，對齊合印記號車縫。

3 帽子和身片沿完成線車縫。拆除疏縫線。

4 縫份三片一起進行3點Z字形車縫。

3點Z字形車縫
前片（正面）

5 翻起帽子，縫份倒向身片側。

帽子（正面）

6 領圍壓裝飾線。

帽子（正面）
前片（正面）
0.5

7 帽子完成。

⑨ 製作貓耳・接縫

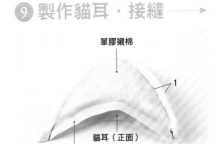

1 貓耳兩片正面相對疊合，並在上面重疊單膠襯棉，沿完成線車縫。

單膠襯棉
貓耳（正面）
貓耳（背面）
1

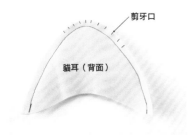

2 山形部分的縫份剪牙口。

剪牙口
貓耳（背面）

3 翻至正面，熨燙整理。

貓耳（正面）

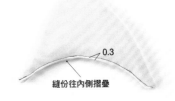

4 縫份往內側摺疊，車縫固定。

0.3
縫份往內側摺疊

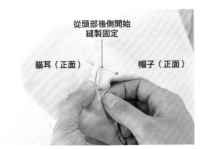

5 帽子縫製貓耳位置處，以珠針固定上貓耳，從頭部後側開始手縫固定。注意左右耳的縫製位置。

從頭部後側開始縫製固定
貓耳（正面）　帽子（正面）

6 另一側也依同樣方法車縫。

完成！

STEP 2 ▸ Cross dress

Japanese clothes

～ COSPLAY用簡單和服 ～

 兩件式和服
separate kimono

上下分開的和服，穿起來既便利又輕鬆。裁剪有圖案的布料時，請注意圖案方向。

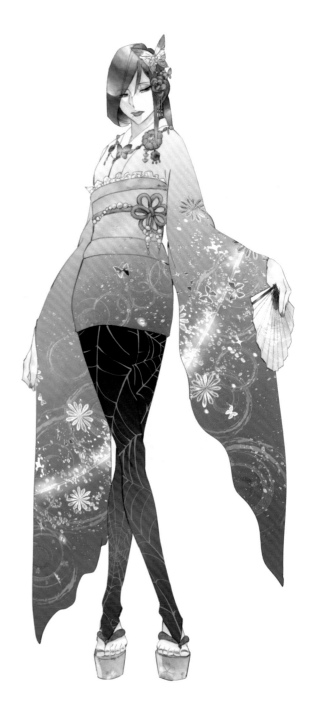

SIDE

BACK

How to make **P.90**

Design **宵の星**

布料提供 **布の但馬屋**

使用稍微厚實的梨面布。這是特別為COSER所設計的簡單作法款式。

How to make **P.38**

Design **宵の星**

布料提供 生地販売店カトウ

STEP **2** **Japanese**

SIDE

BACK

19 水干 >>> P.37
suikan

裁布圖

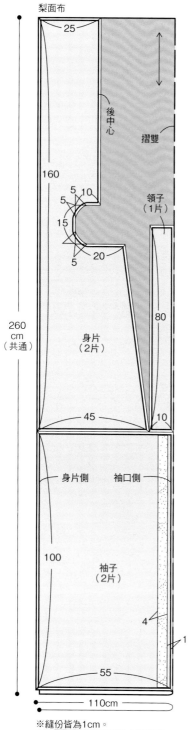

梨面布

25

後中心

摺雙

160

5 10
5
15
5 20

領子
(1片)

80

身片
(2片)

260
cm
（共通）

45

10

身片側　袖口側

100

袖子
(2片)

4

1

55

110cm

※縫份皆為1cm。
※在□□□的位置需貼上黏著襯。

※基本的縫製參考P.3。
※使用soleii80（Brother販售）縫紉機。
※為了便於解說辨識，選用了顏色明顯的縫線&布料。

《 完成尺寸 》

Free Size
身長：80cm

《 材料 》

・梨面布　寬112cm×260cm
・黏著襯　寬10cm×100cm
・緞帶　300cm
・直徑0.4cm編繩　60cm・80cm各1條
・暗釦　2組

製作順序

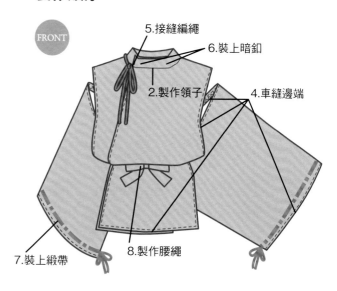

FRONT

5.接縫編繩
6.裝上暗釦
2.製作領子
4.車縫邊端
7.裝上緞帶
8.製作腰繩

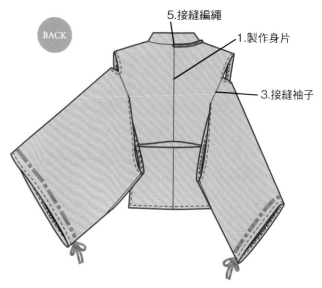

BACK

5.接縫編繩
1.製作身片
3.接縫袖子

❶ 製作身片

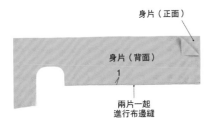

1 身片正面相對疊合，沿後中心完成線車縫。縫份兩片一起進行布邊縫。

身片（正面）
身片（背面）
1
兩片一起進行布邊縫

2 後中心縫份倒向左身片側。

身片（背面）

3 身片領圍之外的縫份進行布邊縫。

布邊縫
身片（背面）

❷ 製作領子

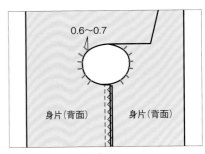

1 領子背面相對疊合對摺，製作褶線。

領子（正面）
摺雙

2 領子兩端進行布邊縫。

布邊縫

3 領圍縫份弧度部分剪牙口。

0.6～0.7
身片（背面）　身片（背面）

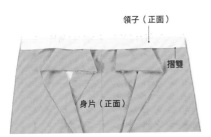

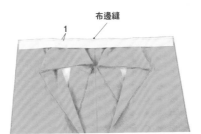

4 領子和身片正面相對疊合，以珠針固定。

領子（正面）
摺雙
身片（正面）

5 領子和身片車縫完成線，縫份進行布邊縫。注意領圍弧度部分不要有皺褶。

布邊縫
1

❸ 接縫袖子

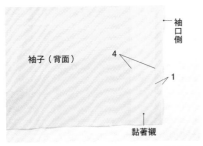

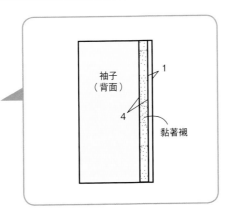

1 袖口側貼上黏著襯。也可以作為繩子的補強。

袖子（背面）
4
1
袖口側
黏著襯

袖子（背面）
1
4
黏著襯

2 身片側縫份布邊縫。

身片側
布邊縫
袖口側

STEP 2・Japanese

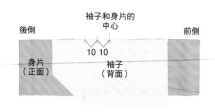

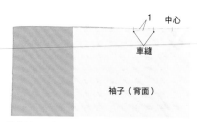

3 參考圖片製作袖子合印記號，袖子和身片正面相對疊合，以珠針固定。

4 後身片側一部分車縫。另一側袖子也以相同方法車縫。

5 袖子正面相對摺疊，車縫袖下完成線。縫份兩片一起進行布邊縫。縫份倒向後側。

---

④ 車縫邊端

6 袖口縫份布邊縫。

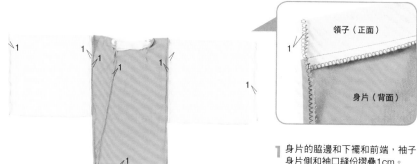

1 身片的脇邊和下襬和前端，袖子身片側和袖口縫份摺疊1cm。

---

⑤ 接縫編繩

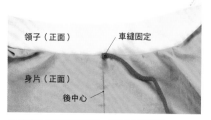

2 於步驟1摺疊部分0.5cm處車縫固定。

1 後中心車縫固定較長一邊的編繩邊端。

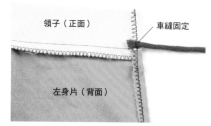

2 左身片前端內側車縫固定較短一邊的編繩邊端。

---

⑥ 裝上暗釦

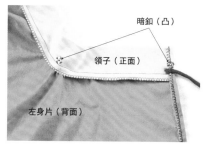

1 左身片領子裝上暗釦（凸）。

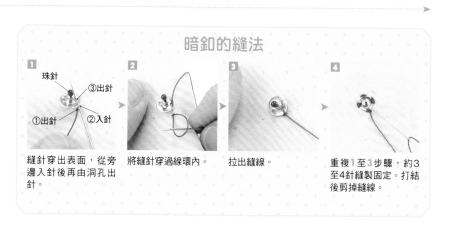

暗釦的縫法

1 縫針穿出表面，從旁邊入針後再由洞孔出針。

2 將縫針穿過線環內。

3 拉出縫線。

4 重複1至3步驟，約3至4針縫製固定。打結後剪掉縫線。

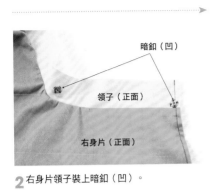

2 右身片領子裝上暗釦（凹）。

⑦ 裝上緞帶

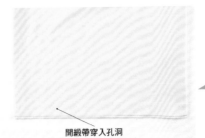

開緞帶穿入孔洞

1 決定袖口緞帶穿入口位置後開孔洞。孔洞的尺寸配合緞帶寬度來決定。

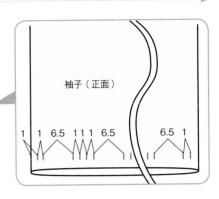

袖子（正面）

1　1　6.5　1 1 1　6.5　　6.5　1

2 將緞帶穿入孔洞。

完成！

緞帶邊端打結。

便利開孔洞的工具

手刀／CLOVER

垂直握住刀柄裁切布料。原本是用來開釦眼的工具，也可以製作穿入緞帶的孔洞。

⑧ 製作腰繩

1

腰繩（背面）

腰繩（正面）

腰繩（背面）

1 兩條腰繩正面相對疊合，燙開縫份。

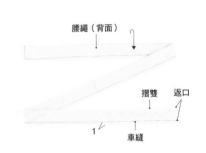

腰繩（背面）

摺雙　　返口

1　　車縫

2 直向對摺，預留返口車縫。

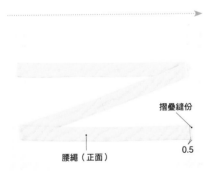

摺疊縫份

0.5

腰繩（正面）

3 由返口翻至正面，熨斗熨燙整理。返口縫份往內側摺疊，車縫固定。

關於和服

介紹製作及和服的穿法。

男女和服的穿法

男性和女性的和服穿法不同，在製作時請特別留意。

和服長度
男性和服的長度等於穿著時的身長。但女性因需反摺穿著，所以和服長度較長。

袖子
女性身片袖子下側有開口，又稱振袖。男性身片袖子下側無開口。

身片
女性和服脇邊有著所謂身八口的開叉，男性和服脇邊沒有身八口的開叉。

腰帶位置
女性的腰帶比起男性更寬、綁在較高的地方。男性腰帶寬度較窄，綁在靠近腰骨的附近。

反摺部分

身八口

振袖

兩件式和服

請參考P.36所介紹的兩件式和服穿法。

❶ 穿著肌襦袢，為修正體型使用毛巾捲綁至腰部。

❷ 下身為一片裙。沿著身體往右側拉捲。

❸ 以左手壓住右端，重疊左側包捲，左布端位在身體脇邊側。

❹ 綁繩繞在腰部打結。最後將綁繩塞進捲繞的繩子內側。

❺ 穿上上衣。背部中心對齊上衣縫線處。

❻ 右身片邊端對齊左脇邊。

❼ 左身片邊端對齊右脇邊。注意重疊方向不可相反。

❽ 小心的將綁繩包捲腰部固定。

❾ 包捲腰帶。使用市售摺好的腰帶，會更方便喔！

完成！

關於水干

水干上放上裝飾，或試試改變長度。

裝上菊綴

製作裝飾在水干上的裝飾品。

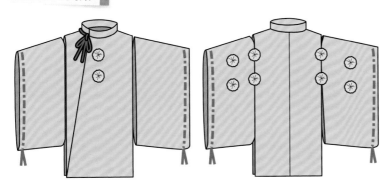

菊綴是什麼？

為了補強縫線處的裝飾品。

菊綴製作方法

製作繩結

1 將兩片縫合的布料穿過繩子。

2 繩子打結。

3 解開繩結邊端，如菊花般盛開。

以絲線製作

1 想製作的尺寸直徑+1cm

紙片依製作的直徑大小再多加上1cm。中心裁剪成ㄈ字形，紙片捲上縫線。

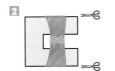

2 在中心處打結，裁剪兩端散開。

3 拆掉紙型。

4 散開兩端，以剪刀修剪成漂亮的圓形。

關於狩衣

運用水干紙型製作狩衣紙型。

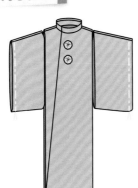

狩衣是什麼？

為平安時代公家日常穿著的衣服。水干也屬於狩衣種類的一種。

紙型
身片兩端各自加長70cm。

70

70

STEP 2·Japanese

Men's

~男子尺寸的服裝~

單排釦西裝外套
single jacket

也可以應用在制服外套或軍服、大衣等款式。只要放進薄的墊肩,就可以使整體更加有型。

SIDE

BACK

How to make **P.92**

Design **cosmode**

布料提供 **CLOTHic**

非常適合活動時穿著的女裝洋裝,搭配上圍裙便化身為可愛女僕。

SIDE

BACK

How to make **P.95**

Design **cosmode**

布料提供 CLOTHic

+idea

How to make
女僕圍裙

製作可搭配燈籠袖洋裝的可愛圍裙。

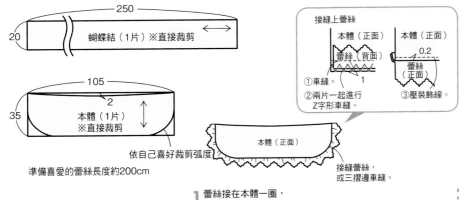

250

20

蝴蝶結(1片)※直接裁剪

接縫上蕾絲

本體(正面) 本體(正面)

蕾絲(背面) 0.2

①車縫。 蕾絲(正面)

②兩片一起進行 Z字形車縫。 ③壓裝飾線。

105

2

35 本體(1片)
※直接裁剪

依自己喜好裁剪弧度

準備喜愛的蕾絲長度約200cm

本體(正面)

接縫蕾絲,
或三摺邊車縫。

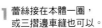

0.5 0.7

本體(正面)

1 蕾絲接在本體一圈,
或三摺邊車縫也可以。

2 本體上端車縫兩條粗針目縫線。

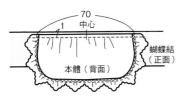

70
中心
1

蝴蝶結
(正面)

本體(背面)

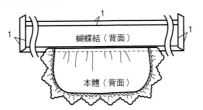

1

蝴蝶結(背面)

本體(背面)

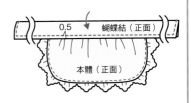

0.5 蝴蝶結(正面)

本體(正面)

3 本體抽拉細褶,和蝴蝶結正面相
對疊合車縫。

4 翻起蝴蝶結,摺疊縫份。

5 蝴蝶結對摺,車縫周圍。

USAKO的洋裁工房指導
超貼身靴型鞋套的
製作作法

依照不同的COSPLAY角色，也必須準備各種鞋款。
但這樣不只花費浩大，也很佔收納空間。
只要依照自己的鞋形製作出靴套，不但可搭配造型，收納也非常方便喔！

靴型鞋套紙型的製作方法

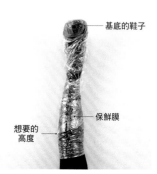

基底的鞋子

想要的
高度

保鮮膜

1 請坐在椅子上進行作業。穿上當作基底的鞋子，包上保鮮膜捲至超過預定的高度。底部也須包捲起來。

膠帶

2 撕下膠帶貼在保鮮膜上面。請勿將膠帶直接轉圈綑在腳上，這樣製作出的鞋套會過於緊繃。

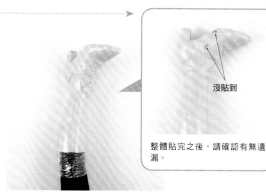

沒貼到

整體貼完之後，請確認有無遺漏。

3 將膠帶貼至需要的高度，腳踝和腳底也須貼上。

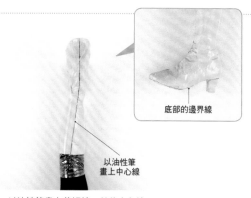

底部的邊界線

以油性筆
畫上中心線

4 以油性筆畫上裁切線、前後中心線、底部邊界線。另外穿入口也須畫上直線，避免製作時歪斜。

5 以紙剪沿著步驟4的直線裁剪。注意不要剪到鞋子或自己的肌膚。

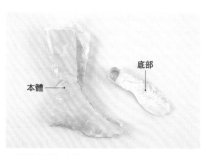

底部

本體

6 剪開本體和底部。

內側

外側

7 內外側以油性筆清楚標上，避免搞錯。

8 為了製作出立體的靴型鞋套，必須作出尖褶。將突出的腳跟和腳趾頭處剪牙口，平整地打開。

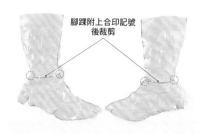

腳踝附上合印記號
後裁剪

9 前後因不平整呈波浪狀的腳踝處畫上連接線條，沿著線裁剪。

10 對齊裁切線的兩端，整齊的鋪平。並在空隙底下鋪上紙張，貼上膠帶。

內側
下面鋪上紙
對齊兩端

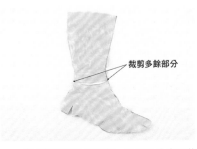

11 將兩端線條自然接起，整理好輪廓形狀後，將步驟10多餘紙張部分裁掉。

裁剪多餘部分

12 在底下鋪上新的紙張，放上紙鎮描繪周圍形狀。請勿忘記尖褶也須描下。

13 描繪完成。

14 前中心必須添加鬆份，多加入1.5cm左右的寬度。沿著腳背自然連接線條。若是使用有厚度的皮革布料，請多加一點鬆份進去。

1.5
自然的連接出腳背的線條

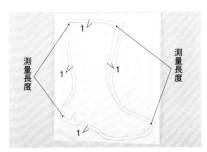

15 測量前後中心長度，連接內側和外側完成線，周圍加上縫份1cm。

測量長度
測量長度
1
1
1
1

STEP **2** · Boots

16 沿著步驟15描繪的線裁剪。外側也以相同方法製作紙型。

17 為了方便穿脫，製作開口。裁剪直線。

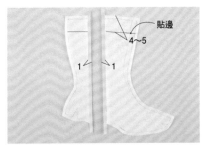

18 底下鋪上紙張補上1cm的縫份，以膠帶固定。上下縫份預留長一些。貼邊同開口平行畫上直線。

貼邊
4～5
1
1

19 縫份摺疊至完成線。沿著紙型預留多一些縫份後裁剪。

摺疊

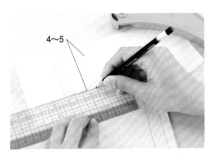

20 重疊描圖紙。描繪18的貼邊線和縫份線。

4～5

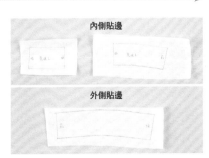

21 外側也依同樣方法製作紙型。因為貼邊位於內側的表面，本體的正反面必須顛倒。貼邊紙型已加縫份1cm。

內側貼邊
外側貼邊

① 裁剪

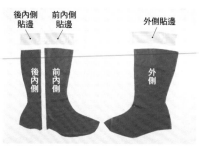

後內側
貼邊　前內側
貼邊　　　　外側貼邊

後內側　前內側　　　外側

對齊紙型裁剪。圖片中為單隻腳的製作，在內側畫上完成線。像是合成皮等不易綻布的布料均採直接裁剪。

② 車縫尖褶

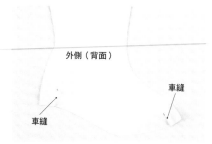

外側（背面）

車縫

車縫

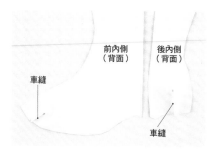

前內側
（背面）　後內側
（背面）

車縫

車縫

1 車縫腳跟和腳尖的尖褶。尖褶倒向中心側。

2 內側也同樣車縫尖褶。尖褶倒向中心側。

③ 內側車縫拉鍊

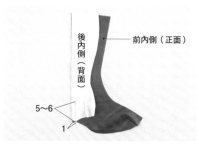

後內側
（背面）　前內側（正面）

5～6

1

1 前內側和後內側正面相對疊合，從下面開始車縫5至6cm。

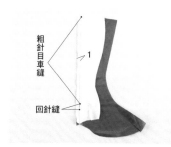

粗針目車縫

1

回針縫

2 由步驟**1**上面開始粗針目車縫。

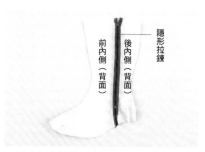

前內側
（背面）　後內側
（背面）　隱形拉鍊

3 車縫隱形拉鍊。
※拉鍊車縫方法請參考P.20。

④ 車縫外側和內側

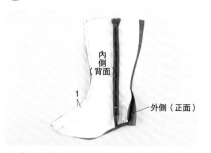

內側
（背面）

1

外側（正面）

1 內側和外側正面相對疊合，車縫前中心。

0.5

2 縫份全裁剪為0.5cm。

1

弧度
剪牙口

3 腳尖和腳踝弧度的縫份剪牙口。這樣翻至正面才會平整。

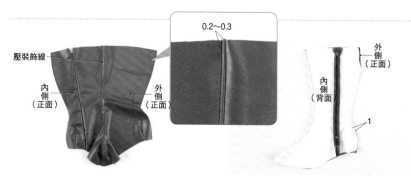

0.2～0.3

壓裝飾線

內側
（正面）　外側
（正面）

4 縫份倒向內側本體左右展開，為固定縫份從正面壓裝飾線。

外側
（正面）

內側
（背面）

1

5 內側和外側正面相對疊合，車縫後中心。

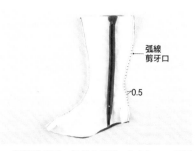

弧線
剪牙口

0.5

6 和前側相同，縫份全部統一為0.5cm，弧線部分剪牙口。如果可以，和前側一樣縫份倒向內側，從正面壓裝飾線。

⑤ 接縫貼邊

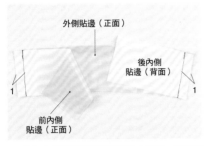

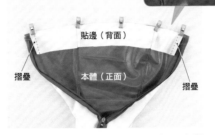

1 內側和外側貼邊正面相對疊合車縫。燙開縫份。

外側貼邊（正面）
後內側貼邊（背面）
前內側貼邊（正面）
1

2 貼邊兩端摺疊1.2cm車縫。和本體正面相對疊合以強力夾固定。

貼邊（背面）
摺疊
本體（正面）
摺疊

3 車縫完成線。

1

4 翻起貼邊。

貼邊（正面）
本體（正面）

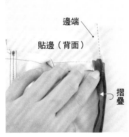

5 本體的拉鍊摺疊至完成線。

邊端
貼邊（背面）
摺疊

6 貼邊往內側摺疊。

摺疊
貼邊（正面）

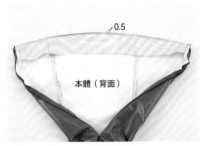

7 壓裝飾線固定貼邊。可以熨斗將褶線熨燙壓平。

0.5
本體（背面）

---

⑥ 接縫鬆緊帶

1 將靴型鞋套套在鞋子上，下方會因為太寬無法服貼。先在內側作上記號。

浮起　　浮起

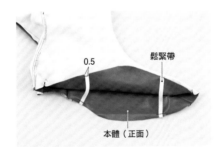

2 在記號處車縫上同鞋子寬度的鬆緊帶。

0.5
鬆緊帶
本體（正面）

⑦ 摺疊邊端車縫

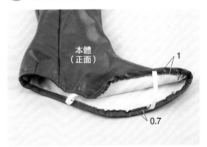

本體（正面）
1
0.7

底部縫份往內側二摺邊後車縫。弧度的部份請以錐子一邊調整一邊車縫。車縫鬆緊帶處不易車縫，所以先回針縫修剪縫線後，繞過鬆緊帶下方繼續車縫。

完成！

貼合鞋子的鞋套就完成了。

STEP 2・Boots

便利好用的製作技巧

3 Costume making

介紹三種可方便活用的技巧，對於服裝製作上很有幫助喔！

零碼布的運用

製作衣服時常常會有剩下的布料或副料，
善用這些來製作出有用的小物。

緞帶＋髮圈 ▶▶▶ 髮飾

活動結束後換回私服時，長時間埋在假髮裡因此亂糟糟的髮型，總讓人感到煩惱。但只要加上髮飾就可以輕鬆整理髮型。

—How to make—

1 打出蝴蝶結的形狀。

2 作出另一個蝴蝶結，縫製在 **1** 的蝴蝶結上，也可依喜好在中心縫上珠珠作裝飾。

3 背面縫上髮圈就完成了。

零碼布＋鬆緊帶20cm ▶▶▶ 大腸圈

不但方便固定假髮，在活動結束時也可以當成整理髮型用。

—How to make—

1
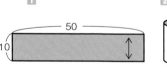
50
10
裁剪50×10cm零碼布。

2
（正面）
（背面）
車縫成圓圈狀
正面相對疊合車縫。

3
正面相對疊合
燙開縫份。放置平整，下面兩端正面相對疊合。

4
正面相對疊合。

5
稍稍拉開內側布料慢慢車縫。注意不要車縫到內側布料。

6
（背面）
返口5cm
預留返口裁剪。

7
（正面）
（背面）
從返口翻至正面。

8
鬆緊帶
（正面）
整理形狀，從返口穿入鬆緊帶後邊端打結。

9
藏針縫
返口藏針縫。

– How to make –

為了避免外出攜帶衣服時搖晃造成皺褶，使用包袱巾包起來就不會有問題了。

1

| 一般尺寸 | 大尺寸 |

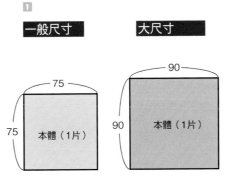

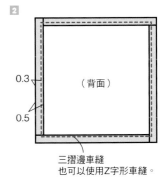

一般尺寸為75×75cm，大尺寸90×90cm。也可以將零碼布組合成上面記載的尺寸。

2

0.3
0.5
（背面）

三摺邊車縫
也可以使用Z字形車縫。

周圍進行三摺邊車縫，或Z字形車縫。

零碼布 ▶▶▶ B5托特包

– How to make –

購物時非常便利的B5托特包。

1

持手（4片）

5
55

表布・裡布（各1片）

38
58

持手55×5cm4片，表布・裡布各準備38×58cm各1片，也可以將零碼布組合成以上的大小。

2

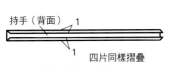

持手（背面）
1
1
四片同樣摺疊

持手長邊的兩端往內側摺疊。

3

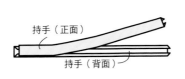

持手（正面）
持手（背面）

持手背面相對疊合。

4

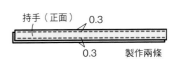

持手（正面）　0.3
0.3　製作兩條

長邊的兩端壓裝飾線。

5

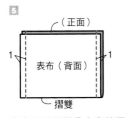

（正面）
1
1
表布（背面）
摺雙

表布正面相對疊合車縫兩端。製作表袋。燙開縫份。

6

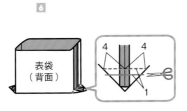

表袋
（背面）
4　4
1

兩端作出側幅後車縫，裁剪多餘部分。裡布也依同樣方法車縫。

7

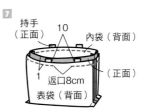

持手
（正面）
10
內袋（背面）
（正面）
1
返口8cm
表袋（背面）

表袋和內袋正面相對疊合，包夾持手後預留返口車縫。

8

24
0.3
表袋（正面）
28　8

從返口翻至正面，以熨斗熨燙整理。袋口壓裝飾線。

STEP 3・Idea

— 51 —

可收藏道具刀的刀袋，在袋口縫上綁繩就可以繫住。

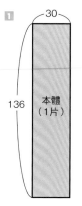

1
30
136
本體
（1片）

裁剪30×136cm的零碼布。如果長度不夠也可以車縫加長。

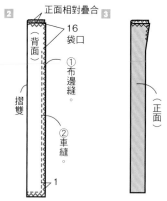

2
正面相對疊合
16
（背面）
袋口
摺雙
① 布邊縫。
② 車縫。
1

四周進行布邊縫。正面相對摺疊，預留袋口車縫。

3
（正面）

翻至正面。以熨斗熨燙整理。

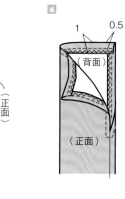

4
1
0.5
（背面）
（正面）

袋口縫份二摺邊車縫。

零碼布＋寬0.7cm鬆緊帶140cm

▶▶▶ 細褶裙   — How to make —

替換衣服的時候，穿上裙子最方便。而且是短時間內就可輕鬆製作的單品。

1
110至120cm
想作的長度+5cm
裙片（2片）

準備110cm×想作的長度＋5cm的零碼布兩片。如果長度不夠也可以車縫加長。

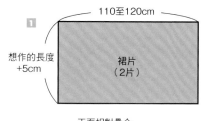

2
正面相對疊合 （正面）
1
鬆緊帶穿入口2cm
裙片（背面）
1
1

兩片正面相對疊合車縫兩端。單側預留鬆緊帶穿入口。

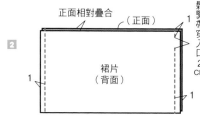

3
鬆緊帶穿入口2cm
布邊縫
（背面）
剪牙口
布邊縫

鬆緊帶穿入口下端剪牙口，縫份兩片一起進行布邊縫。

4
（正面）
攤開
後裙片（背面）
前裙片（背面）

熨燙縫份倒向後側。燙開鬆緊帶穿入口縫份。

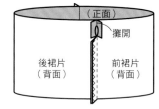

5
0.9   0.2
（背面）
1
2

腰線縫份依1cm、2cm三摺邊車縫。

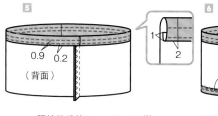

6
（背面）
布邊縫
2   1.5

下襬布邊縫後二摺邊車縫。

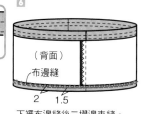

7
（背面）
寬0.7cm鬆緊帶

腰部穿過鬆緊帶。重疊鬆緊帶車縫。

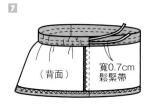

8
（正面）

翻至正面。

紙型的運用

運用附贈的紙型，
來製作自己心目中理想的角色服裝。

✳ 下襬加長 改變裙長和褲長的方法。

裙子或連身裙

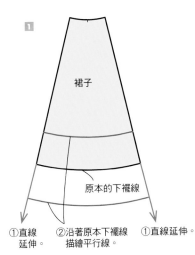

1

裙子

原本的下襬線

①直線延伸。
②沿著原本下襬線描繪平行線。

2

確認連接起來的狀態

①直線延伸。

直線延伸裙子下襬線，沿著原本下襬線描繪平行線。

對齊腰部車縫記號，確認下襬線的弧度。如果位置沒有對齊，請重新對齊下襬線修順即可。

褲子

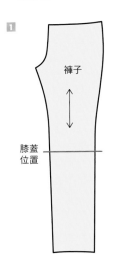

1

褲子

膝蓋位置

和布紋線呈垂直描繪膝蓋線條。

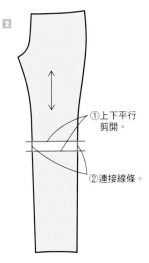

2

①上下平行剪開。

②連接線條。

剪開紙型的膝蓋位置，上下平行延伸分量。連接兩脇邊描繪直線。

✳ 領子的變形 搭配不同造型的領子應用方法。

圓領改為角領

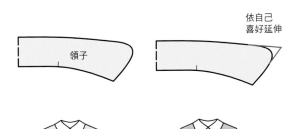

領子

依自己喜好延伸

延伸圓領完成線，變為角領造型。

改為水手服領

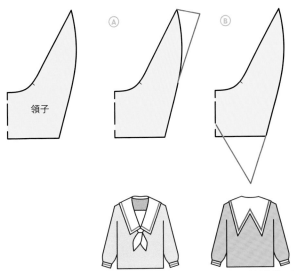

領子

Ⓐ

Ⓑ

改變前中心延伸的線條，如上圖般描繪邊角，變身為水手服領造型。

改變後中心延伸的線條，如上圖般描繪邊角，後領變身為燕尾服形狀的水手服領造型。

✳ 改變領圍形狀

領圍也可以配合不同角色改變形狀。

圓領改為方領

延伸前中心線，依自己喜好位置描繪線條連接至肩線。

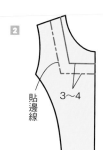

3～4

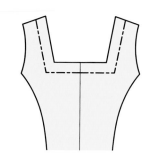

製作貼邊來處理縫份。沿著領圍完成線描繪3至4cm寬的平行線，製作貼邊紙型。也可以使用斜布條處理縫份。

圓領改為波浪領

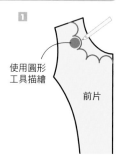

使用圓形工具描繪

依紙型領圍描繪理想的波浪狀線條。雖然也可以直接手繪，但使用圓形工具或圓規，可以畫的更漂亮。

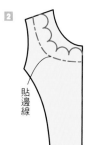

製作貼邊來處理縫份。不車縫邊端，對齊波浪頂點描繪線條。

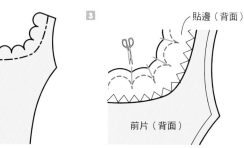

貼邊（背面）

前片（背面）

車縫完成後，底部的縫份部分盡量靠近完成線剪牙口，這樣翻至表面時，形狀才會漂亮。

✳ 加寬胸圍的方法

※如果分量增加太多，可能會造成比例的崩壞。

善用附贈的紙型改為自己想要的尺寸。

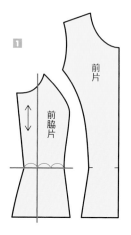

前脇片腰線分成三等份，沿布紋線平行描繪直線。

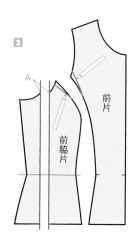

A

照著描繪的線，左右分開想要的分量（A）。攤開後袖襱也會變寬，此處轉由前片和前脇片削減其袖襱分量。

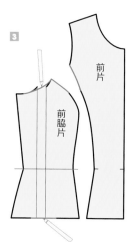

修順前脇片攤開的部分。

✳ 製作輕盈的荷葉邊

簡單就可以製作的荷葉邊。

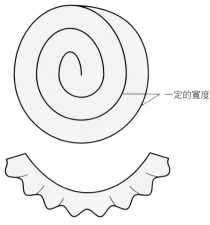

一定的寬度

先畫出一個大圓，順著圓心描繪相同寬度的線條，裁剪兩端多餘的或缺少的分量，這樣荷葉邊就裁剪完成了。布邊可以三摺邊車縫、使用防綻線液或進行拷克。

✳ 前開襟款式　將罩衫紙型改為前開襟款式的方法。

釦子款式

〈紙型〉

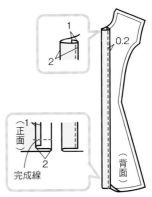

〈車縫方法〉

3.5

前中心
畫上縫份

前片

縫份寬度3.8cm，沿前中心描繪平行線。

0.2

（正面）
完成線
（背面）

前端縫份依1cm、2cm寬度三摺邊車縫。前端下襬如左圖般摺疊後車縫，邊角部分才會漂亮。

前襟款式

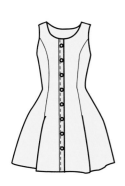

〈紙型〉

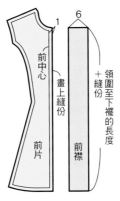

〈車縫方法〉

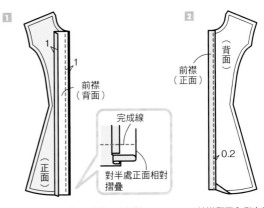

1　6

前中心
畫上縫份

前片

領圍至下襬的長度
＋縫份

前襟

製作前中心1cm縫份的紙型。前襟寬6cm＋領圍至下襬的長度，製作紙型。

① 前襟（背面）
（正面）
完成線
對半處正面相對摺疊

摺疊縫份前襟，前片正面相對疊合。下襬對半處正面相對摺疊，車縫完成線。

② 背面
前襟（正面）
0.2

前襟翻至內側車縫。

拉鍊款式

〈紙型〉

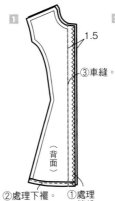

〈車縫方法〉

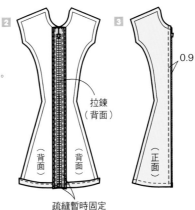

1.5

前中心
畫上縫份

前片

測量縫份1.5cm，沿前中心描繪平行線。

① 1.5
③車縫。
（背面）
②處理下襬。　①處理縫份。

縫份進行拷克，下襬摺疊至完成線車縫。前片正面相對疊合後以粗針目車縫。

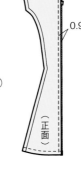

② 拉鍊（背面）
（背面）（背面）
疏縫暫時固定

燙開縫份。重疊上拉鍊疏縫暫時固定。

③ （正面）
0.9

拆掉前中心粗針目縫線，從正面車縫。

露出拉鍊鋸齒時
（正面）（正面）
前中心的差距
拉鍊寬度
前中心

拉鍊中心必須是前中心，摺疊前端時請調整寬度。領子或連帽款式必須調整前中心到褶線間的距離。

解決縫製時遇到的困擾

縫製衣服時，常常有感到困惑的時刻，
但其實可能只是一點小小的問題而已。
配合縫紉機的說明書一起確認吧！

✳為何縫紉機不會動呢？原因是什麼？

縫紉機沒有打開電源

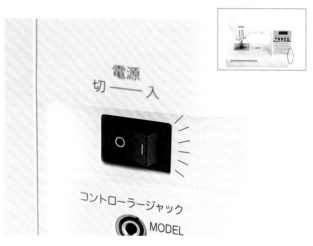

因為沒有開啟電源，即使按下開始鍵，
縫紉機也不會動。

捲下線裝置的捲軸在右側

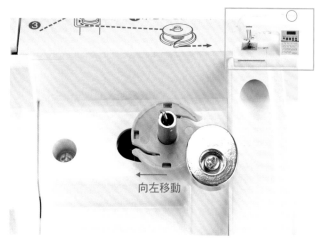

因為捲下線裝置的捲軸在右側，即使按下開始鍵也無法
車縫。捲軸請移至左邊位置。

腳踏板的接頭沒有插好

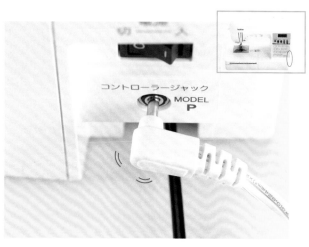

腳踏板的接頭沒有插好，請確認接頭有沒有插上。

壓布腳沒有放下來

壓布腳沒有放下來也無法進行縫製。也有可以繼續
車縫的機種，但這樣縫線會浮上來，沒有辦法順利
車縫。

✳ 縫紉機常常遇到的問題

車縫線常常跑掉

下線放置處或針板是不是堆積了許多的灰塵？

依照說明書的記載,先拆除針板,使用附屬的刷子或棉花棒去除灰塵。

手輪

縫針常常斷掉

▶▶▶ 請確認車縫針有沒有裝好

車縫針一定要插好,並且鎖緊螺絲。一旦傷到溝槽有可能必須送去修理。慢慢旋轉轉軸(右邊的手輪),確認縫針有沒有撞到。

6

一定要插到最頂端

車縫針是消耗品

車縫針只要稍有一點彎曲或損傷,就無法順利車縫。車縫針屬於消耗品,請定期更換新的車縫針。

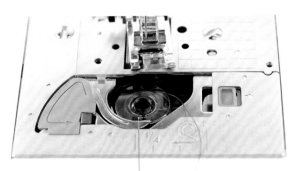

車縫線呈逆時鐘方向

下線常常纏繞在一起或斷裂

▶▶▶ 下線有沒有正確的裝上

如圖所示,掛入溝槽的梭子車縫線必須呈逆時鐘方向,因為機器很精密,如果沒有正確放置,就會無法車縫。

請注意梭子

OK　　　　傾斜　　　　亂線

梭子沒有整齊捲繞車縫線時,縫紉時的縫線會亂掉。另外梭子有分不同高度的種類,請選擇適合自己縫紉機的梭子。

✳ 縫紉機常常遇到的問題

轉動

上線常常斷線
縫線張力不一致
布料背面縫線纏繞
車縫線常常跑掉

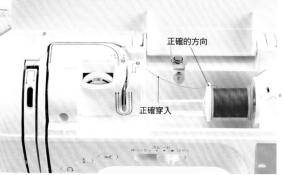

正確的方向

正確穿入

▶▶▶ **上線有正確的裝上嗎？**

請確認上線穿過的部位和方向。
若沒有穿過指定的正確位置，
也會造成縫紉時的縫線亂掉。

打結

1/4

上線常常斷線

▶▶▶ **上線有沒有打結或結塊？**

打結或結塊塞在車縫針孔內，
也會無法車縫。
請檢查有無結塊塞住，
再繼續車縫。

車縫後布料產生皺褶

▶▶▶ **縫線張力有沒有正確**

調整縫線張力大小，直到張力正確為止。

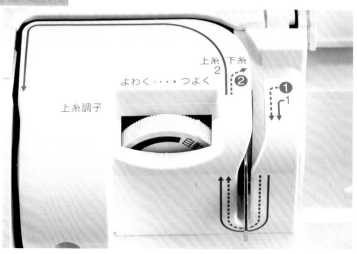

よわく‥‥つよく

上糸 下糸
2   2

上糸調子

How to make
✦ ✦ ✦

關於尺寸

本書紙型中有4種尺寸S／M／L／LL。
各尺寸的數據請參考下表。

女性	S	M	L	LL
胸圍	80cm	83cm	87cm	90cm
腰圍	61cm	64cm	67cm	70cm
臀圍	88cm	91cm	94cm	97cm
身高	156cm	158cm	160cm	162cm

圖中的人體模型為9號尺寸。
（B83・W64・H91）穿著M號服飾。

男性	S	M	L	LL
胸圍	89cm	92cm	95cm	98cm
腰圍	77cm	80cm	83cm	86cm
臀圍	87cm	90cm	93cm	96cm
身高	168cm	170cm	172cm	174cm

圖中的人體模型B94・W76至82・H94，穿著M號服飾。

製作頁面中的完成尺寸衣長為自NP
（肩頸點）至下襬長度。褲長與裙長
則包含腰帶寬度。

關於材料和
裁布圖

● 材料或記載各種不同尺寸時，從左邊或
從上開始依序為S／M／L／LL。

● 圖中除指定處之外，單位皆為cm。

● 裁布圖以M尺寸為基準。如果尺寸不同
或不同布料，可能會造成誤差。請將紙
型放置於布料上確認。

● 直線裁剪或記載著尺寸的裁布圖，未附
原寸紙型。請參考裁布圖記載的尺寸，
直接在布料描繪直線（請勿忘記縫份）
直接裁剪。

● 原寸紙型沒有加上縫份。請參考裁布
圖，依指定尺寸加上縫份。

製作釦眼&縫製釦子的方法

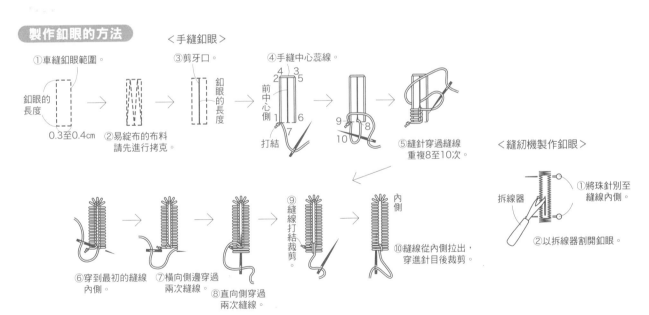

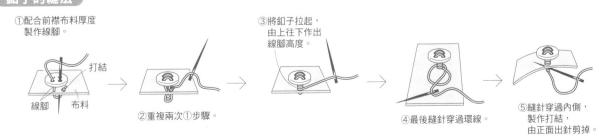

《原寸紙型》

1面A-1前片・A-2後片・A-3袖子・A-4領子・A-5內搭前片
A-6內搭後片

《完成尺寸》

胸圍　86.4／89.4／92.4／95.4cm
腰圍　67／70／73／76m
衣長　41／41.5／42／42.5cm
【內搭上衣】　衣長　37.5cm

《材料》

【旗袍】
・旗袍布　寬72cm×240cm
・1.5cm寬止伸襯布條　85cm
・黏著襯　寬50×10cm
・52cm長隱形拉鍊　1條
・旗袍釦・鉤釦　各1組
【內搭上衣】
・雙向針織布　寬150cm×60cm
・1cm寬鬆緊帶　40cm

裁布圖

製作順序

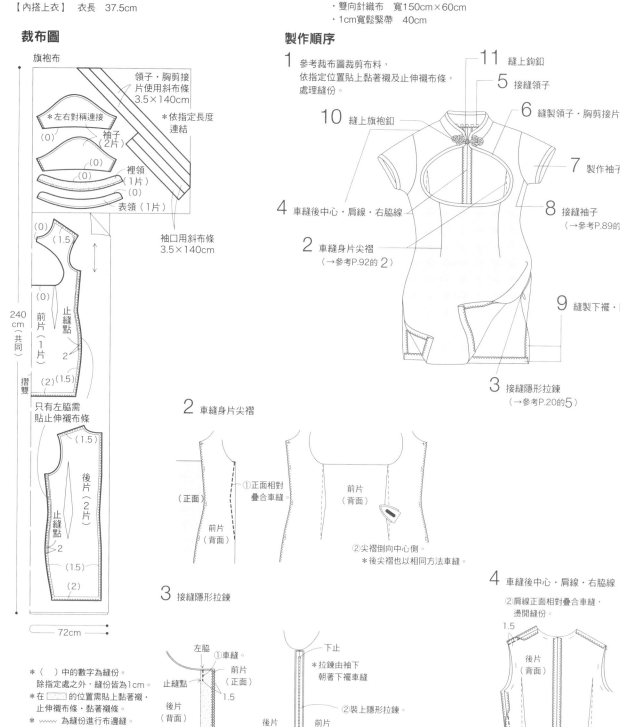

裁布圖

旗袍布

領子・胸剪接片使用斜布條
3.5×140cm

*左右對稱連接

*依指定長度連結

袖子（2片）

裡領（1片）

表領（1片）

袖口用斜布條
3.5×140cm

240cm（共同）

摺雙

前片（1片）

止縫點 2

只有左脇需貼止伸襯布條

後片（2片）

止縫點 2

72cm

製作順序

1 參考裁布圖裁剪布料，依指定位置貼上黏著襯及止伸襯布條，處理縫份。

11 縫上鉤釦
5 接縫領子
6 縫製領子・胸剪接片
10 縫上旗袍釦
7 製作袖子
4 車縫後中心・肩線・右脇線
8 接縫袖子（→參考P.89的6）
2 車縫身片尖褶（→參考P.92的2）
9 縫製下襬・開叉處
3 接縫隱形拉鍊（→參考P.20的5）

2 車縫身片尖褶
①正面相對疊合車縫。
②尖褶倒向中心側。
*後尖褶也以相同方法車縫。
（正面）
前片（背面）
前片（背面）

3 接縫隱形拉鍊
左脇
①車縫。
止縫點 1.5
前片（正面）
後片（背面）
下止
*拉鍊由袖下朝著下襬車縫
②裝上隱形拉鍊。
後片（背面）
前片（背面）
③摺疊拉鍊邊端於縫份處藏針縫。
止縫點
止縫點

4 車縫後中心・肩線・右脇線
②肩線正面相對疊合車縫，燙開縫份。
1.5
後片（背面）
1.5
③車縫右脇至止縫點，燙開縫份。
止縫點
①後中心正面相對疊合車縫，燙開縫份。
1.5

* （ ）中的數字為縫份。除指定處之外，縫份皆為1cm。
* 在 ▨ 的位置需貼上黏著襯・止伸襯布條・黏著襯條。
* ∿∿ 為縫份進行布邊縫。

60

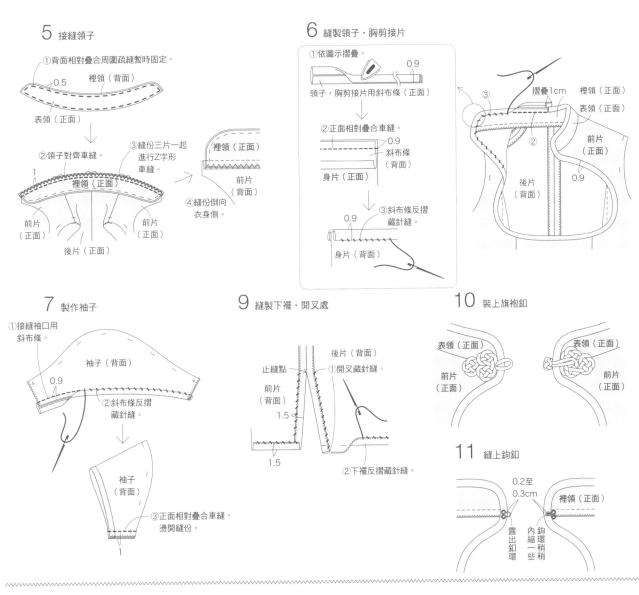

5 接縫領子

①背面相對疊合周圍疏縫暫時固定。

裡領（背面）
0.5
表領（正面）

②領子對齊車縫。
裡領（正面）
1
前片（正面） 後片（正面） 前片（正面）

③縫份三片一起進行Z字形車縫。
裡領（正面）
前片（背面）

④縫份倒向衣身側。

6 縫製領子‧胸剪接片

①依圖示摺疊。
領子‧胸剪接片用斜布條（正面）
0.9

②正面相對疊合車縫。
0.9
斜布條（背面）
身片（正面）

③斜布條反摺藏針縫。
0.9
身片（背面）

③
②
摺疊1cm 裡領（正面）
表領（正面）
前片（正面）
後片（背面）
0.9

7 製作袖子

①接縫袖口用斜布條。
袖子（背面）
0.9
②斜布條反摺藏針縫。

袖子（背面）

③正面相對疊合車縫，燙開縫份。
1

9 縫製下襬‧開叉處

止縫點
後片（背面）
①開叉藏針縫。
前片（背面）
1.5
1.5
②下襬反摺藏針縫。

10 裝上旗袍釦

表領（正面）
前片（正面）

表領（正面）
前片（正面）

11 縫上鉤釦

0.2至0.3cm
裡領（正面）
露出釦環
內縮稍些 鉤環稍些

內搭上衣

裁布圖

雙向針織布

60cm（共同）

(2)
摺雙 後片 內搭上衣（1片）
(2)

(2)
前片 內搭上衣（1片） 摺雙
(2)

150cm

* ( ) 中的數字為縫份。
　除指定處之外，縫份皆為1cm。
* ～～ 為縫份進行布邊縫。

製作順序

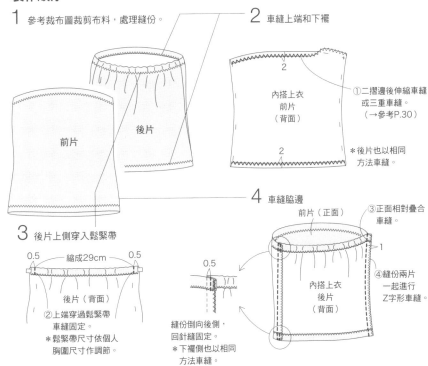

1 參考裁布圖裁剪布料，處理縫份。

前片
後片

2 車縫上端和下襬
2
內搭上衣前片（背面）
2
①二摺邊後伸縮車縫或三重車縫。（→參考P.30）
*後片也以相同方法車縫。

3 後片上側穿入鬆緊帶
0.5 縮成29cm 0.5
後片（背面）
②上端穿過鬆緊帶車縫固定。
*鬆緊帶尺寸依個人胸圍尺寸作調整。

4 車縫脇邊
前片（正面）
③正面相對疊合車縫。
0.5
縫份倒向後側，回針縫固定。
*下襬側也以相同方法車縫。
內搭上衣後片（背面）
1
④縫份兩片一起進行Z字形車縫。

《 完成尺寸 》

腰圍　約57cm（配合腰圍尺寸調節）
裙長　約43.5cm

《 材料 》

【2荷葉邊蛋糕裙】
・棉質印花布　寬110至120×195cm
・3cm寬鬆緊帶　65cm（配合腰圍尺寸調節）
【3網紗襯裙】
・50D網紗（淡粉紅）　寬115×78cm
・50D網紗（鮭魚紅）　寬115×66cm
・50D網紗（粉紅）　寬115×51cm
・3cm寬鬆緊帶　65cm（配合腰圍尺寸調節）

裁布圖

2.荷葉邊蛋糕裙

棉質印花布

第一層　裙片	22
第一層	22
第二層　裙片	22
第二層	22
第二層 ｜ 22	195cm
第三層　裙片	17
第三層	17
第三層	17
基底（1片）	34

● —— 110至120cm —— ●

3.網紗襯裙

50D網紗（淡粉紅）

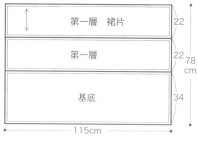

第一層　裙片	22
第一層	22 ⎫ 78cm
基底	34 ⎭

● —— 115cm —— ●

50D網紗（鮭魚紅）

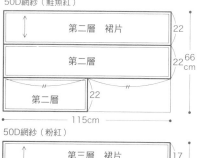

第二層　裙片	22
第二層	22 ⎫ 66cm
第二層 ｜ 22	

● —— 115cm —— ●

50D網紗（粉紅）

第三層　裙片	17
第三層	17 ⎫ 51cm
第三層	17 ⎭

● —— 115cm —— ●

＊縫份皆為1cm。

製作順序

1 參考裁布圖裁剪布料

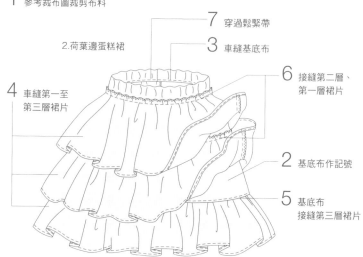

2.荷葉邊蛋糕裙

7 穿過鬆緊帶
3 車縫基底布
6 接縫第二層、第一層裙片
2 基底布作記號
5 基底布接縫第三層裙片
4 車縫第一至第三層裙片

3.網紗襯裙

車縫方法同荷葉邊蛋糕裙，
但除了下襬布端外，其餘均不需處理。

2 基底布作記號

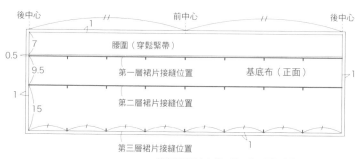

後中心　　　前中心　　　後中心

腰圍（穿鬆緊帶）
0.5
7
9.5　第一層裙片接縫位置　　基底布（正面）
1
第二層裙片接縫位置
15
第三層裙片接縫位置
1

基底布正面作上第一層、第二層裙片接縫位置記號，
並以消失筆作上8等份的合印記號。

3 車縫基底布

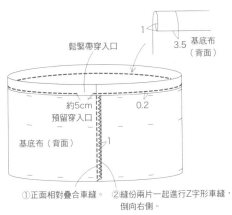

③上端三摺邊車縫。

1
3.5 基底布（背面）

鬆緊帶穿入口

約5cm
預留穿入口

0.2

基底布（背面）

1

①正面相對疊合車縫。

②縫份兩片一起進行Z字形車縫，倒向右側。

4 車縫第一至第三層裙片

①正面相對疊合車縫。

1

第一層裙片（背面）

②縫份兩片一起進行Z字形車縫，倒向後側。

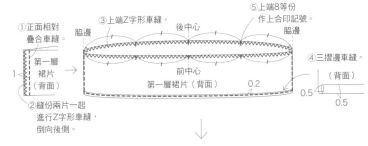

③上端Z字形車縫。

脇邊　後中心

⑤上端8等份作上合印記號。

脇邊

前中心

第一層裙片（背面）　0.2

④三摺邊車縫。

（背面）

0.5
0.5

⑥車縫第二層、第三層裙片呈環狀，分8等份作上合印記號。

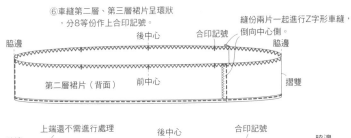

脇邊　後中心　合印記號　脇邊

縫份兩片一起進行Z字形車縫，倒向中心側。

第二層裙片（背面）　前中心　摺雙

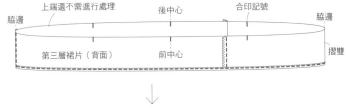

脇邊　上端還不需進行處理　後中心　合印記號　脇邊

第三層裙片（背面）　前中心　摺雙

⑦第一至第三層裙片上端縫份進行粗針目車縫。

0.5　0.7

第一層裙片（背面）

＊第二層、第三層裙片也相同。

5 基底布接縫第三層裙片

＊均勻抽拉合印記號之間的細褶，間隔以珠針固定。

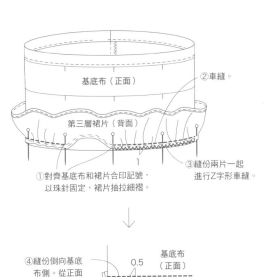

基底布（正面）

②車縫。

第三層裙片（背面）

①對齊基底布和裙片合印記號，以珠針固定，裙片抽拉細褶。

③縫份兩片一起進行Z字形車縫。

1

④縫份倒向基底布側。從正面壓裝飾線。

0.5

基底布（正面）

第三層裙片（正面）

6 接縫第二層、第一層裙片

0.5　1

基底布（正面）　第一層裙片（正面）

③第一層裙片也以相同方法車縫。

①對齊基底布和第二層裙片合印記號，以珠針固定，裙片抽拉細褶。

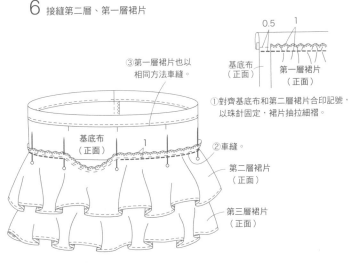

基底布（正面）

②車縫。

1

第二層裙片（正面）

第三層裙片（正面）

7 穿過鬆緊帶

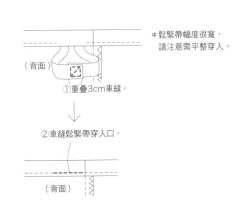

（背面）

①重疊3cm車縫。

②車縫鬆緊帶穿入口。

（背面）

＊鬆緊帶幅度很寬，請注意需平整穿入。

《原寸紙型》

1面　B-1前片・B-2後片・B-3領子・B-4前貼邊・B-5後貼邊
B-6前袖襱貼邊・B-7後袖襱貼邊

《完成尺寸》

胸圍　85／88／91／94cm
腰圍　71／74／77／80cm
衣長　49.7／51／52.3／53.5cm

《材料》

・棉質格紋布（粉紅）　寬110cm×200cm（包含對花的10cm）
・黏著襯　寬90cm×100cm
・0.8cm寬織帶（黑色）　260 cm
・直徑1.9cm徽章鈕　3個
・直徑1cm暗鈕　4組

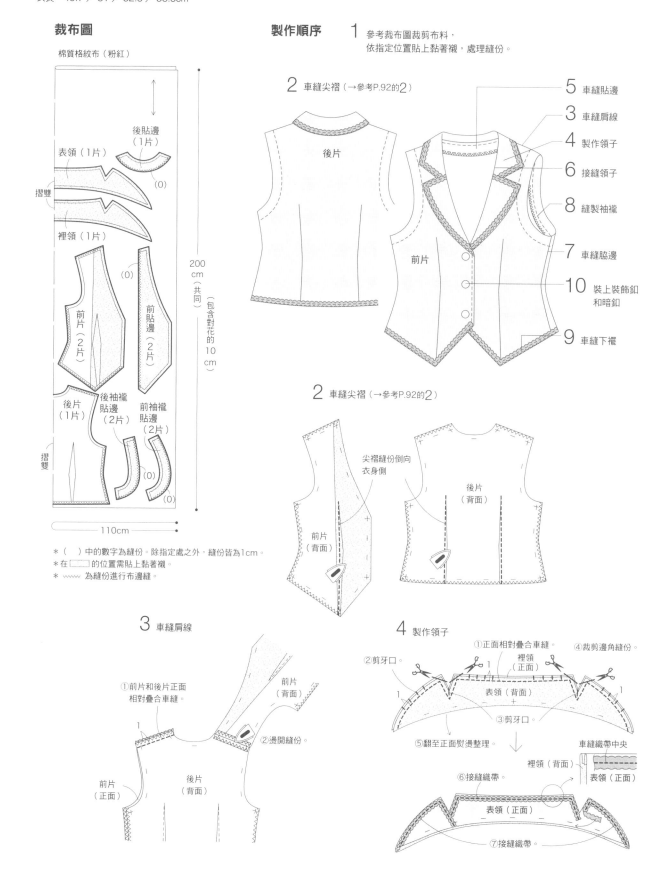

裁布圖

棉質格紋布（粉紅）

後貼邊
（1片）
表領（1片）
摺雙
裡領（1片）
（0）
前片（2片）
前貼邊（2片）
（0）
後片（1片）
後袖襱貼邊（2片）
前袖襱貼邊（2片）
（0）
摺雙
（0）

200cm（共同）（包含對花的10cm）

110cm

＊（　）中的數字為縫份。除指定處之外，縫份皆為1cm。
＊在　□　的位置需貼上黏著襯。
＊ ～～～ 為縫份進行布邊縫。

製作順序

1　參考裁布圖裁剪布料，
　依指定位置貼上黏著襯，處理縫份。

2　車縫尖褶（→參考P.92的2）

後片

5　車縫貼邊
3　車縫肩線
4　製作領子
6　接縫領子
8　縫製袖襱
7　車縫脇邊
10　裝上裝飾鈕和暗鈕
9　車縫下襬

前片

2　車縫尖褶（→參考P.92的2）

尖褶縫份倒向衣身側

前片（背面）

後片（背面）

3　車縫肩線

①前片和後片正面相對疊合車縫。
前片（背面）
②燙開縫份。
前片（正面）
後片（背面）

4　製作領子

①正面相對疊合車縫。
②剪牙口。
裡領（正面）
④裁剪邊角縫份。
表領（背面）
③剪牙口。
⑤翻至正面熨燙整理。
⑥接縫織帶。
車縫織帶中央
裡領（背面）
表領（正面）
表領（正面）
⑦接縫織帶。

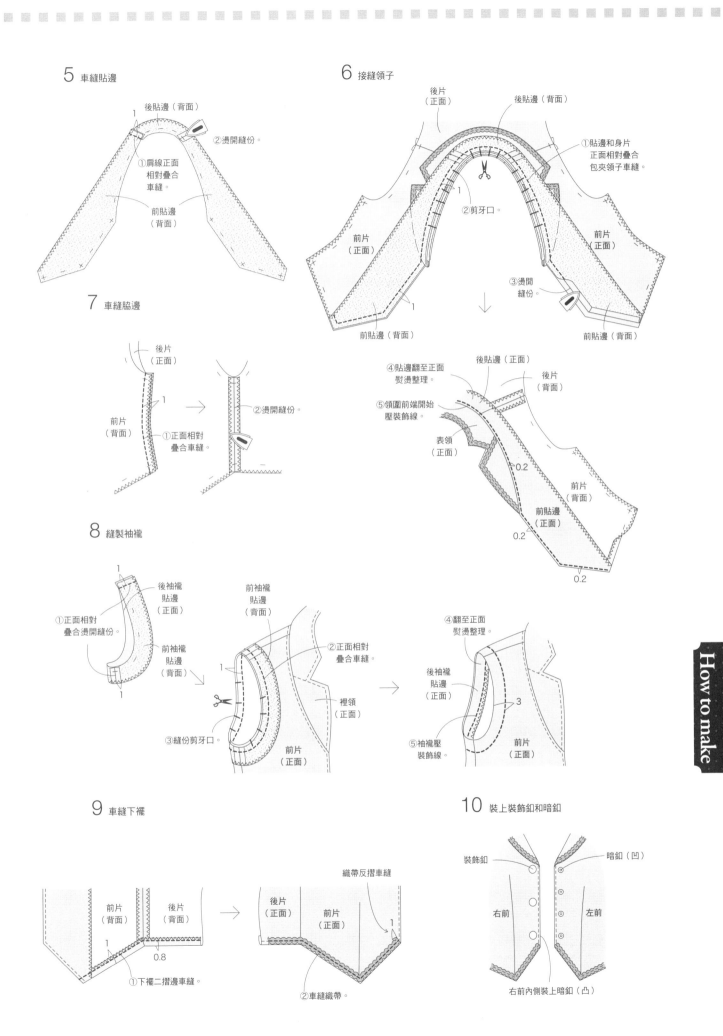

5 車縫貼邊

後貼邊（背面）

①肩線正面相對疊合車縫。

②燙開縫份。

前貼邊（背面）

6 接縫領子

後片（正面）

後貼邊（背面）

①貼邊和身片正面相對疊合包夾領子車縫。

②剪牙口。

前片（正面）

前片（正面）

③燙開縫份。

前貼邊（背面）

前貼邊（背面）

④貼邊翻至正面熨燙整理。

後貼邊（正面）

後片（背面）

⑤領圍前端開始壓裝飾線。

表領（正面）

0.2

前片（背面）

前貼邊（正面）

0.2

0.2

7 車縫脇邊

後片（正面）

前片（背面）

①正面相對疊合車縫。

②燙開縫份。

8 縫製袖襱

①正面相對疊合燙開縫份。

後袖襱貼邊（正面）

前袖襱貼邊（背面）

前袖襱貼邊（背面）

②正面相對疊合車縫。

裡領（正面）

③縫份剪牙口。

前片（正面）

④翻至正面熨燙整理。

後袖襱貼邊（正面）

3

⑤袖襱壓裝飾線。

前片（正面）

9 車縫下襱

前片（背面）

後片（背面）

1

0.8

①下襱二摺邊車縫。

織帶反摺車縫

後片（正面）

前片（正面）

1

②車縫織帶。

10 裝上裝飾釦和暗釦

裝飾釦

暗釦（凹）

右前

左前

右前內側裝上暗釦（凸）

How to make

65

《原寸紙型》

1面　C-1前片・C-2前脇片・C-3後片・C-4帽子・C-5帽子側幅
C-6外耳・C-7內耳・C-8手套

《完成尺寸》

胸圍　86.6／89.9／93.2／96cm
腰圍　69／72／75／78cm
衣長　74／75.3／76.5／77.8cm

《材料》

- 彈性短毛布（米色）　寬90cm×280／280／290／290cm
- 化纖斜紋布（暗紅色）　寬140cm×25cm
- 羊毛布（粉紅色）　寬20cm×30cm
- 5cm寬彈性短毛布織帶（咖啡色）　60cm
- 56cm長針織拉鍊　1條
- 1cm寬止伸襯布條（彈性）140cm・（滾邊條）160cm
- 0.8cm寬鬆緊帶　260cm
- 直徑3cm鈴鐺・別針　各1個　・針織布專用車縫線

裁布圖

彈性短毛布（米色）

順毛方向

9

尾巴（1片）　75

（3）帽子側幅（1片）

外耳（2片）

摺雙（0）

（0）帽子（2片）

手套（1片）　摺雙

（1.5）前片（2片）

（1.5）

止縫點　2

前脇片（2片）

（3）　（3）

（0）　（1.5）

摺雙　（1.5）手套（1片）

後片（2片）

（3）

280／280／290／290cm

90cm

羊毛布（粉紅色）

內耳（2片）　摺雙

30cm（共通）

20cm

化纖斜紋布（暗紅色）

蝴蝶結上片（1片）20　蝴蝶結下片20（1片）　4

摺雙　20　28　8

140cm

蝴蝶結中片（1片）

25cm（共通）

製作順序

1　參考裁布圖裁剪布料，依指定位置貼上黏著襯或止伸襯布條，處理縫份。

4　前中心裝拉鍊

6　車縫帽子

7　接縫耳朵・穿過鬆緊帶

2　車縫前・後片

8　接縫帽子

3　車縫前・後片中心線

5　袖襱和下襬穿過鬆緊帶

11　車縫蝴蝶結

10　車縫手套

9　車縫尾巴・接縫

2　車縫前・後片

①處理縫份。

④縫份倒向前片側。

前片（背面）

前片（正面）

前脇片（背面）

⑤前・後片正面相對疊合。

③縫份兩片一起進行拷克。

②前片和前脇片正面相對疊合車縫。

⑥車縫肩線

⑧縫份兩片一起進行拷克倒向後片側。

前片（正面）

後片（背面）

⑩燙開縫份。

⑨車縫股下線。

⑦車縫脇邊。

＊左側也以相同方法車縫。

3　車縫前・後片中心線

前片（正面）

①

前片（背面）

粗針目車縫至止縫點

止縫點

回針縫

④燙開縫份。

後片（背面）

1.5

③連著前後車縫中心。

②左右身片正面相對疊合。

①下襬和袖襱進行拷克。

A-4夾

＊（　）中的數字為縫份。除指定處之外，縫份皆為1cm。
＊在 ▢ 的位置需貼上黏著襯・止伸襯布條（彈性）。
＊在 ▨ 的位置需貼上止伸襯布條（斜布條）。
＊ ∿∿∿ 為縫份進行布邊縫。
＊請使用彈性短毛布。

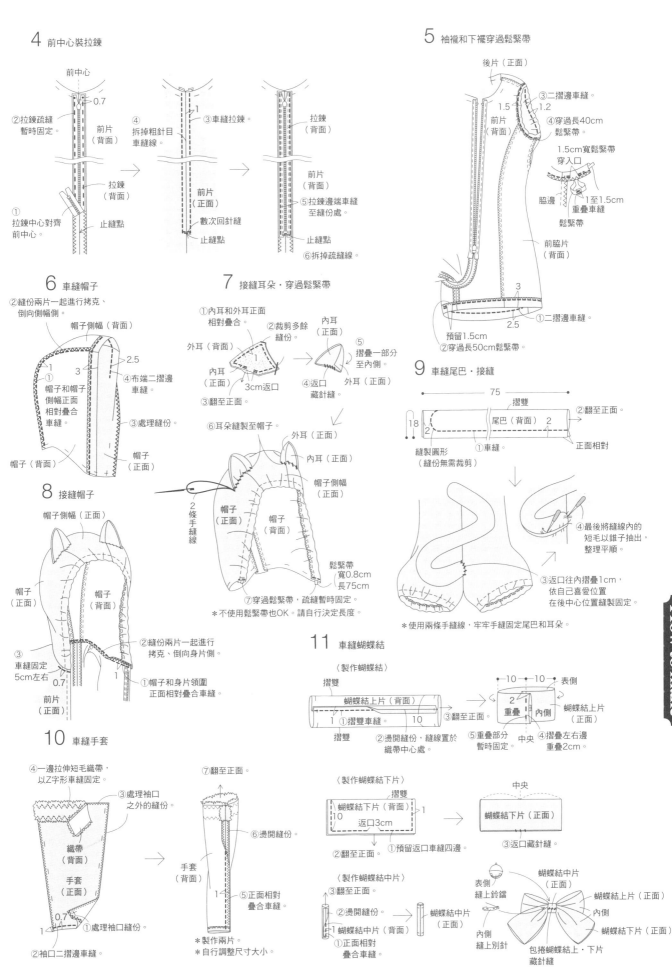

4 前中心裝拉鍊

②拉鍊疏縫暫時固定。
前中心
0.7
前片（背面）
①拉鍊中心對齊前中心。
拉鍊（背面）
止縫點

④拆掉粗針目車縫線。
③車縫拉鍊。
1
前片（背面）
前片（正面）
數次回針縫
止縫點

拉鍊
前片（背面）
前片（正面）
⑤拉鍊邊端車縫至縫份處。
止縫點
⑥拆掉疏縫線。

5 袖襱和下襬穿過鬆緊帶

後片（正面）
前片（背面）
1.5
③二摺邊車縫。
1.2
④穿過長40cm鬆緊帶。
1.5cm寬鬆緊帶
穿入口
脇邊
1至1.5cm
重疊車縫
鬆緊帶
前脇片（背面）
3
①二摺邊車縫。
2.5
預留1.5cm
②穿過長50cm鬆緊帶。

6 車縫帽子

②縫份兩片一起進行拷克、倒向側幅側。
帽子側幅（背面）
1
3
2.5
①帽子和帽子側幅正面相對疊合車縫。
③布端二摺邊車縫。
③處理縫份。
帽子（背面）
帽子（正面）

7 接縫耳朵・穿過鬆緊帶

①內耳和外耳正面相對疊合。
外耳（背面）
內耳（正面）
②裁剪多餘縫份。
內耳（正面）
③翻至正面。
3cm返口
⑤摺疊一部分至內側。
④返口藏針縫。
外耳（正面）

⑥耳朵縫製至帽子
外耳（正面）
內耳（正面）
帽子側幅（正面）
帽子（正面）
帽子（背面）
2條手縫線
鬆緊帶寬0.8cm長75cm
⑦穿過鬆緊帶，疏縫暫時固定。
＊不使用鬆緊帶也OK。請自行決定長度。

8 接縫帽子

帽子側幅（正面）
帽子（正面）
帽子（背面）
③車縫固定5cm左右
0.7
1
②縫份兩片一起進行拷克、倒向身片側。
①帽子和身片領圍正面相對疊合車縫。
前片（正面）

9 車縫尾巴・接縫

75
摺雙
18
尾巴（背面）
2
②翻至正面。
2
縫製圓形（縫份無需裁剪）
①車縫。
正面相對

④最後將縫線內的短毛以錐子抽出，整理平順。
③返口往內摺疊1cm，依自己喜愛位置在後中心位置縫製固定。
＊使用兩條手縫線，牢牢手縫固定尾巴和耳朵。

10 車縫手套

④一邊拉伸短毛織帶，以Z字形車縫固定。
③處理袖口之外的縫份。
織帶（背面）
手套（正面）
0.7
1
①處理袖口縫份。
②袖口二摺邊車縫。

⑦翻至正面。
⑥燙開縫份。
手套（背面）
1
⑤正面相對疊合車縫。
＊製作兩片。
＊自行調整尺寸大小。

11 車縫蝴蝶結

〈製作蝴蝶結上片〉
摺雙
蝴蝶結上片（背面）
1
①摺雙車縫。
10
摺雙
②燙開縫份，縫線置於織帶中心處。
③翻至正面。
10 10
表側
2
重疊
內側
蝴蝶結上片（正面）
⑤重疊部分暫時固定。
中央
④摺疊左右邊重疊2cm。

〈製作蝴蝶結下片〉
摺雙
蝴蝶結下片（背面）
1
10
返口3cm
②翻至正面。
①預留返口車縫四邊。
中央
蝴蝶結下片（正面）
③返口藏針縫。

〈製作蝴蝶結中片〉
③翻至正面。
②燙開縫份。
蝴蝶結中片（背面）
1
①正面相對疊合車縫。
蝴蝶結中片（正面）

表側縫上鈴鐺
蝴蝶結中片（正面）
蝴蝶結上片（正面）
內側
蝴蝶結下片（正面）
內側縫上別針
包捲蝴蝶結上・下片藏針縫。

《原寸紙型》

2面　D-1前片・D-2後片・D-3袖子・D-4領子・D-5前襟・
D-6胸前荷葉邊

《完成尺寸》

胸圍　92／95／98／101cm
腰圍　69／72／75／78cm（抽褶後）
衣長　51.5／53／54.2／55.5cm

《材料》

・T/C密織平紋布（暗粉紅）　寬110cm×180cm
・蕾絲布（米白色）寬110cm×30cm・黏著襯　寬90cm×60cm
・鬆緊帶　268／280／292／304cm
・1cm寬兩摺滾邊條　200cm
・0.5cm寬鬆緊帶　60cm
・4.5cm寬蕾絲織帶　750cm
・直徑1cm釦子　9個
・暗釦　1組・別針　2個

裁布圖

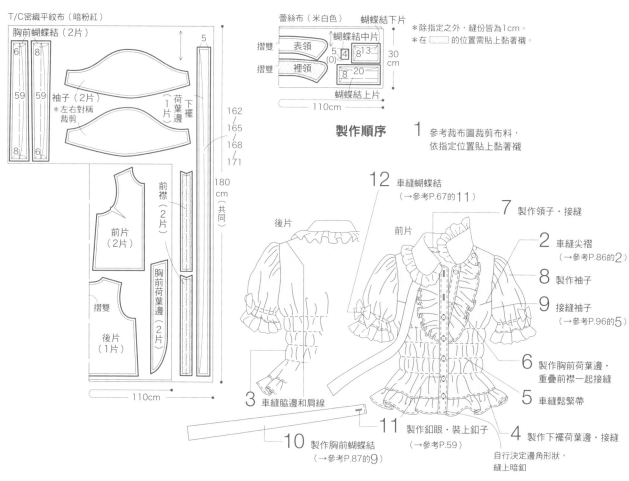

T/C密織平紋布（暗粉紅）

胸前蝴蝶結（2片）

6　8
59　59
8　6

袖子（2片）
＊左右對稱裁剪

荷葉邊下襬（1片）

5

162／165／168／171

180cm（共同）

前襟（2片）

前片（2片）

摺雙

後片（1片）

胸前荷葉邊（2片）

110cm

蕾絲布（米白色）

蝴蝶結下片
蝴蝶結中片
表領　5　4　8 13
裡領　8　20
蝴蝶結上片

110cm

30cm

＊除指定之外，縫份皆為1cm。
＊在 ▭ 的位置需貼上黏著襯。

製作順序

1 參考裁布圖裁剪布料，依指定位置貼上黏著襯

12 車縫蝴蝶結（→參考P.67的11）

7 製作領子・接縫

2 車縫尖褶（→參考P.86的2）

8 製作袖子

9 接縫袖子（→參考P.96的5）

6 製作胸前荷葉邊・重疊前襟一起接縫

5 車縫鬆緊帶

4 製作下襬荷葉邊・接縫
自行決定邊角形狀，縫上暗釦

3 車縫脇邊和肩線

10 製作胸前蝴蝶結（→參考P.87的9）

11 製作釦眼・裝上釦子（→參考P.59）

後片　前片

3 車縫脇邊和肩線

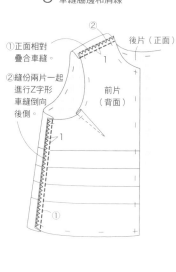

①正面相對疊合車縫。
②縫份兩片一起進行Z字形車縫倒向後側。

後片（正面）
前片（正面）

4 製作下襬荷葉邊・接縫

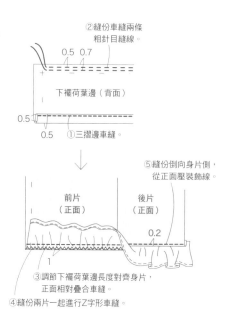

②縫份車縫兩條粗針目縫線。
0.5　0.7

下襬荷葉邊（背面）

0.5
0.5　①三摺邊車縫。

⑤縫份倒向身片側，從正面壓裝飾線。

前片（正面）　後片（正面）
0.2
1
③調節下襬荷葉邊長度對齊身片，正面相對疊合車縫。
④縫份兩片一起進行Z字形車縫。

5 車縫鬆緊帶

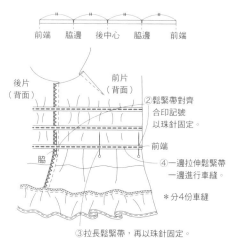

①準備四條長67／70／73／76鬆緊帶。
分成4等份作上合印記號
前端　脇邊　後中心　脇邊　前端

後片（背面）　前片（背面）
②鬆緊帶對齊合印記號以珠針固定。
前端
脇
④一邊拉伸鬆緊帶一邊進行車縫。
＊分4份車縫
③拉長鬆緊帶，再以珠針固定。

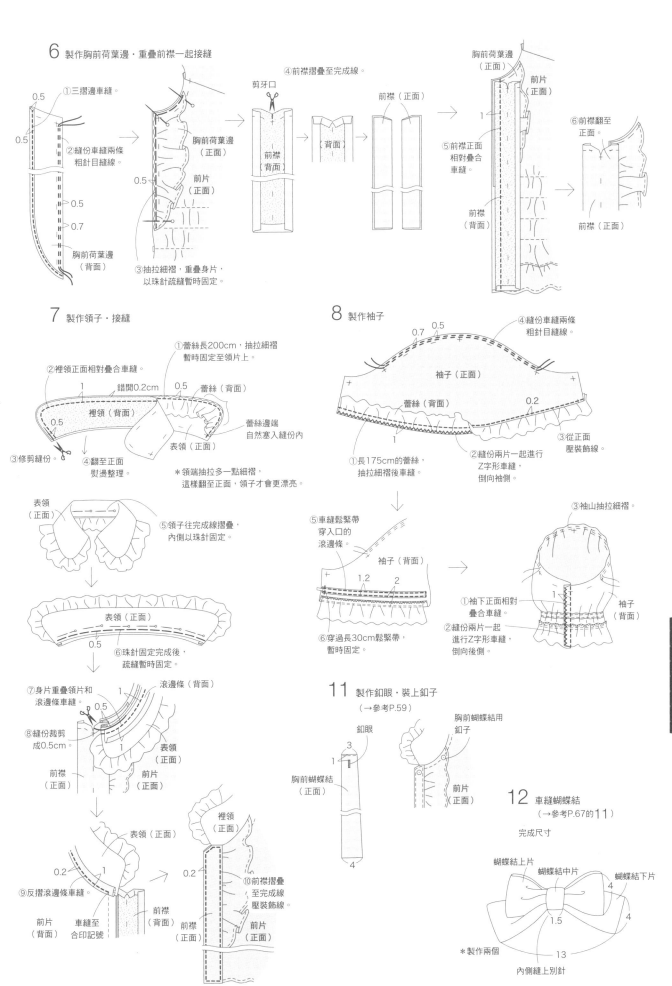

6 製作胸前荷葉邊‧重疊前襟一起接縫

①三摺邊車縫。
0.5
0.5
②縫份車縫兩條粗針目縫線。
0.5
0.5
0.7
胸前荷葉邊（背面）

胸前荷葉邊（正面）
0.5
前片（正面）
③抽拉細褶，重疊身片，以珠針疏縫暫時固定。

④前襟摺疊至完成線。
剪牙口
✂
前襟（背面）
（背面）
前襟（正面）

胸前荷葉邊（正面）
前片（正面）
1
⑤前襟正面相對疊合車縫。
前襟（背面）

⑥前襟翻至正面。
前襟（正面）

7 製作領子‧接縫

②裡領正面相對疊合車縫。
錯開0.2cm
1
裡領（背面）
0.5
③修剪縫份。✂
④翻至正面熨燙整理。

①蕾絲長200cm，抽拉細褶暫時固定至領片上。
0.5
蕾絲（背面）
表領（正面）
蕾絲邊端自然塞入縫份內
＊領端抽拉多一點細褶，這樣翻至正面，領子才會更漂亮。

表領（正面）
⑤領子往完成線摺疊，內側以珠針固定。

表領（正面）
0.5
⑥珠針固定完成後，疏縫暫時固定。

⑦身片重疊領片和滾邊條車縫。
滾邊條（背面）
1
0.5
⑧縫份裁剪成0.5cm
✂
前襟（正面）
表領（正面）
前片（正面）
1

表領（正面）
裡領（正面）
0.2
1
⑨反摺滾邊條車縫。
前片（背面）
車縫至合印記號
前襟（正面）
0.2
前襟（背面）
⑩前襟摺疊至完成線壓裝飾線。
前片（正面）

8 製作袖子

④縫份車縫兩條粗針目縫線。
0.7 0.5
袖子（正面）
蕾絲（背面）
0.2
③從正面壓裝飾線。
①長175cm的蕾絲，抽拉細褶後車縫。
②縫合兩片一起進行Z字形車縫，倒向袖側。
1

⑤車縫鬆緊帶穿入口的滾邊條。
袖子（背面）
1.2 2
⑥穿過長30cm鬆緊帶，暫時固定。

③袖山抽拉細褶。
①袖下正面相對疊合車縫。
②縫份兩片一起進行Z字形車縫，倒向後側。
袖子（背面）

11 製作釦眼‧裝上釦子
（→參考P.59）

釦眼
胸前蝴蝶結用釦子
3
1
胸前蝴蝶結（正面）
4
前片（正面）

12 車縫蝴蝶結
（→參考P.67的11）
完成尺寸

蝴蝶結上片
蝴蝶結中片
蝴蝶結下片
4
1.5
4
13
＊製作兩個
內側縫上別針

How to make

《原寸紙型》
2面　E-1前裙片・E-2前脇裙片・E-3後裙片・E-4後脇裙片
E-5前貼邊・E-6後貼邊

《材料》
・化纖軋別丁布　寬148cm×190cm
・黏著襯　寬90cm×15cm
・0.6cm寬緞帶　200cm
・蕾絲緞帶　700cm
・嫘縈織帶　300cm
・長52cm隱形拉鍊　1條
・鉤釦　1組

《完成尺寸》
腰圍　61／64／67／70cm
衣長　59／60／61／62cm

裁布圖

製作順序

1 參考裁布圖裁剪布料，
　依指定位置貼上黏著襯，
　處理縫份。

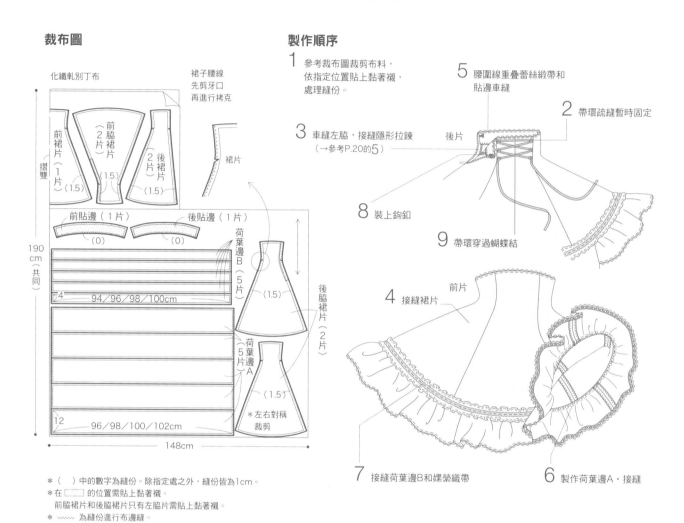

3 車縫左脇，接縫隱形拉鍊
　（→參考P.20的5）

5 腰圍線重疊蕾絲緞帶和
　貼邊車縫

2 帶環疏縫暫時固定

8 裝上鉤釦

9 帶環穿過蝴蝶結

4 接縫裙片

7 接縫荷葉邊B和嫘縈織帶

6 製作荷葉邊A・接縫

* （　）中的數字為縫份。除指定處之外，縫份皆為1cm。
* 在 ▭ 的位置需貼上黏著襯。
　前脇裙片和後脇裙片只有左脇片需貼上黏著襯。
* ～～ 為縫份進行布邊縫。

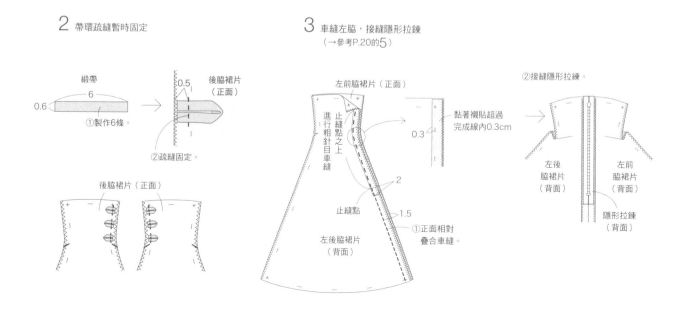

2 帶環疏縫暫時固定

3 車縫左脇，接縫隱形拉鍊
　（→參考P.20的5）

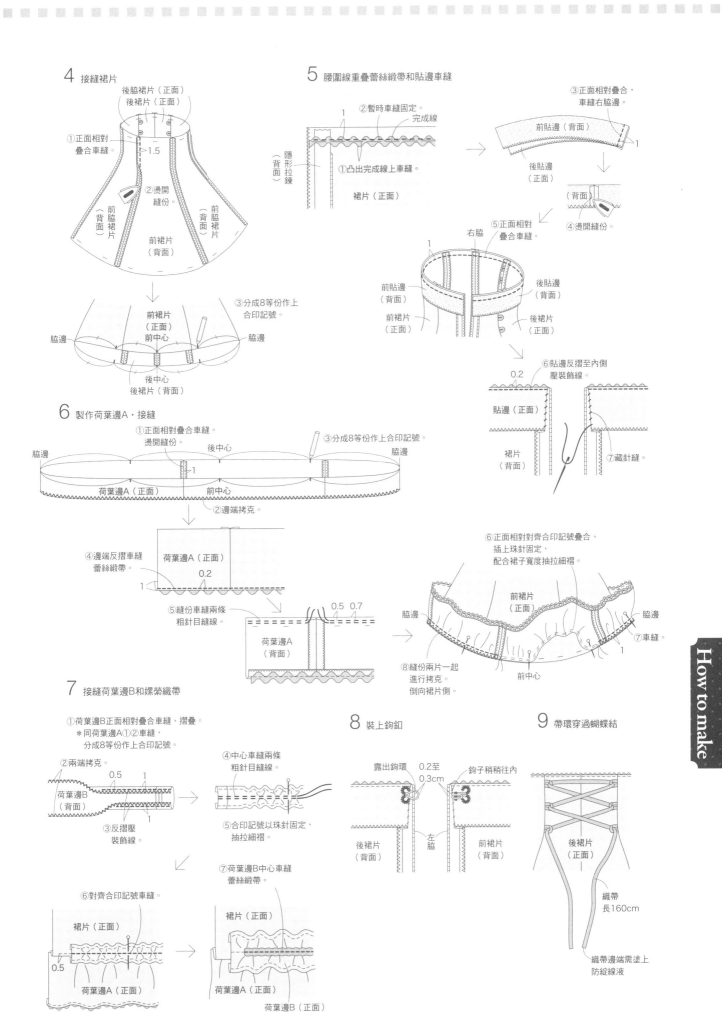

4 接縫裙片

後脇裙片（正面）
後脇裙片（正面）

①正面相對疊合車縫。

1.5

②燙開縫份

（前脇裙片）（背面）
（前脇裙片）（背面）

前裙片（背面）

③分成8等份作上合印記號。

前裙片（正面）
前中心

脇邊　　　　脇邊

後中心
後裙片（背面）

5 腰圍線重疊蕾絲緞帶和貼邊車縫

1
②暫時車縫固定。
完成線
（背面）隱形拉鍊
①凸出完成線上車縫。
裙片（正面）

③正面相對疊合，車縫右脇邊。
前貼邊（背面）
1
後貼邊（正面）

（背面）
④燙開縫份。

右脇
⑤正面相對疊合車縫。
1
前貼邊（背面）
後貼邊（背面）
前裙片（正面）
後裙片（正面）

⑥貼邊反摺至內側壓裝飾線。
0.2
貼邊（正面）
裙片（背面）
⑦藏針縫。

6 製作荷葉邊A・接縫

①正面相對疊合車縫。燙開縫份。
後中心
③分成8等份作上合印記號。
脇邊　　　　脇邊
1
荷葉邊A（正面）
前中心
②邊端拷克。

④邊端反摺車縫蕾絲緞帶。
荷葉邊A（正面）
0.2
1
⑤縫份車縫兩條粗針目縫線。
0.5　0.7
荷葉邊A（背面）

⑥正面相對對齊合印記號疊合、插上珠針固定，配合裙子寬度抽拉細褶。
前裙片（正面）
脇邊　　　　脇邊
⑦車縫
1
⑧縫份兩片一起進行拷克。倒向裙片側。
前中心

7 接縫荷葉邊B和嫘縈織帶

①荷葉邊B正面相對疊合車縫、摺疊。
＊同荷葉邊A①②車縫，分成8等份作上合印記號。

②兩端拷克。
0.5
1
荷葉邊B（背面）
1
③反摺壓裝飾線。

④中心車縫兩條粗針目縫線。
⑤合印記號以珠針固定，抽拉細褶。

⑦荷葉邊B中心車縫蕾絲緞帶。

⑥對齊合印記號車縫。
裙片（正面）
0.5
荷葉邊A（正面）

裙片（正面）
荷葉邊A（正面）
荷葉邊B（正面）

8 裝上鉤釦

露出鉤環　0.2至0.3cm
鉤子稍稍往內
後裙片（背面）
左脇
前裙片（背面）

9 帶環穿過蝴蝶結

後裙片（正面）
織帶長160cm
織帶邊端需塗上防綻線液

How to make

71

《 原寸紙型 》

3面 G-1前片・G-2前脇片・G-3後片・G-4後脇片・G-5表袖
G-6裡袖・G-7前裙片・G-8前脇裙片A・B・G-9後裙片・
G-10後脇裙片A・B・G-11前貼邊・G-12後貼邊

《 完成尺寸 》

胸圍　86.5／89.5／92.5／95.5cm
腰圍　68／71／74／77cm
袖丈　23／24／25／26cm
衣長　138／139.5／140.5／142cm

《 材料 》

・青年布（紫粉色）　寬112cm×540cm
・沙典（粉紅）　寬90cm×180cm
・黏著襯　寬96cm×25cm
・寬1.5cm止伸襯布條　400cm
・鬆緊帶　90cm
・寬0.5cm緞縈織帶　100cm
・長56cm隱形拉鍊　1條
・鉤釦　1組

裁布圖

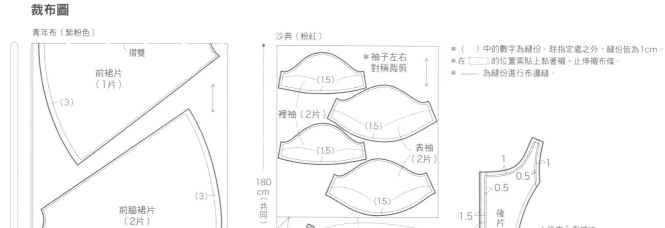

＊（　）中的數字為縫份。除指定處之外，縫份皆為1cm。
＊在▭的位置需貼上黏著襯・止伸襯布條。
＊〰〰 為縫份進行布邊縫。

製作順序

1　參考裁布圖裁剪布料，
　依指定位置貼上黏著襯・
　止伸襯布條，處理縫份。

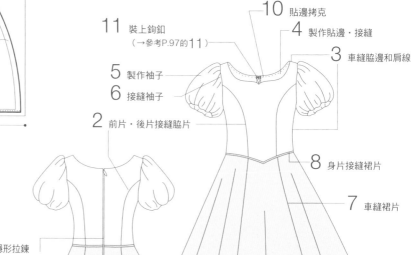

10 貼邊拷克
11 裝上鉤釦
　（→參考P.97的11）
4 製作貼邊・接縫
3 車縫脇邊和肩線
5 製作袖子
6 接縫袖子
2 前片・後片接縫脇片
8 身片接縫裙片
7 車縫裙片
9 接縫隱形拉鍊
　（→參考P.20的5）

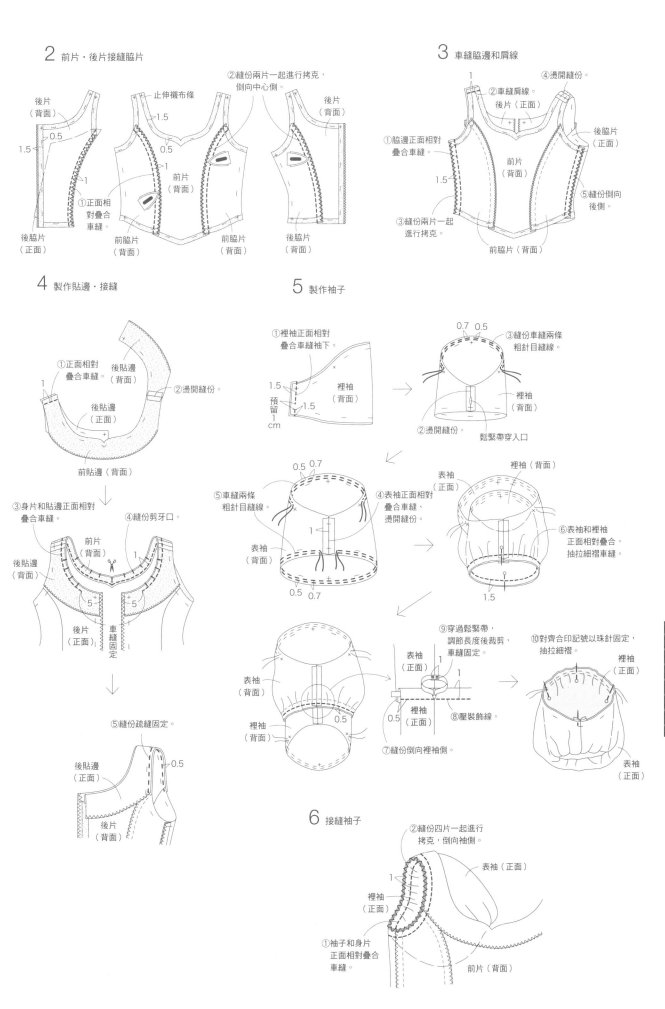

2 前片・後片接縫脇片

後片（背面）
0.5
1.5
1
①正面相對疊合車縫。
後脇片（正面）

止伸襯布條
1.5
0.5
1
前片（背面）
前脇片（背面）

②縫份兩片一起進行拷克，倒向中心側。
前脇片（背面）

後片（背面）
後脇片（背面）

3 車縫脇邊和肩線

1
②車縫肩線。
後片（正面）
①脇邊正面相對疊合車縫。
1.5
③縫份兩片一起進行拷克。
前脇片（背面）
前片（背面）

④燙開縫份。
後脇片（正面）
⑤縫份倒向後側。

4 製作貼邊・接縫

①正面相對疊合車縫。
1
後貼邊（背面）
後貼邊（正面）
②燙開縫份。
前貼邊（背面）

③身片和貼邊正面相對疊合車縫。
前片（背面）
④縫份剪牙口。
1
後貼邊（背面）
5
5
後片（正面）
車縫固定

⑤縫份疏縫固定。
後貼邊（正面）
0.5
後片（背面）

5 製作袖子

①裡袖正面相對疊合車縫袖下。
1.5
預留1cm
1.5
裡袖（背面）
②燙開縫份。

0.7 0.5
③縫份車縫兩條粗針目縫線。
裡袖（背面）
鬆緊帶穿入口

0.5 0.7
⑤車縫兩條粗針目縫線。
表袖（正面）
1
④表袖正面相對疊合車縫、燙開縫份。
0.5 0.7

裡袖（背面）
表袖（正面）
⑥表袖和裡袖正面相對疊合，抽拉細褶車縫。
1.5

表袖（背面）
裡袖（背面）
0.5

⑨穿過鬆緊帶，調節長度後裁剪，車縫固定。
表袖（正面）
1
0.5
裡袖（正面）
⑧壓裝飾線
⑦縫份倒向裡袖側。

⑩對齊印記號以珠針固定，抽拉細褶。
裡袖（正面）
表袖（正面）

6 接縫袖子

②縫份四片一起進行拷克，倒向袖側。
1
表袖（正面）
裡袖（正面）
①袖子和身片正面相對疊合車縫。
前片（背面）

How to make

73

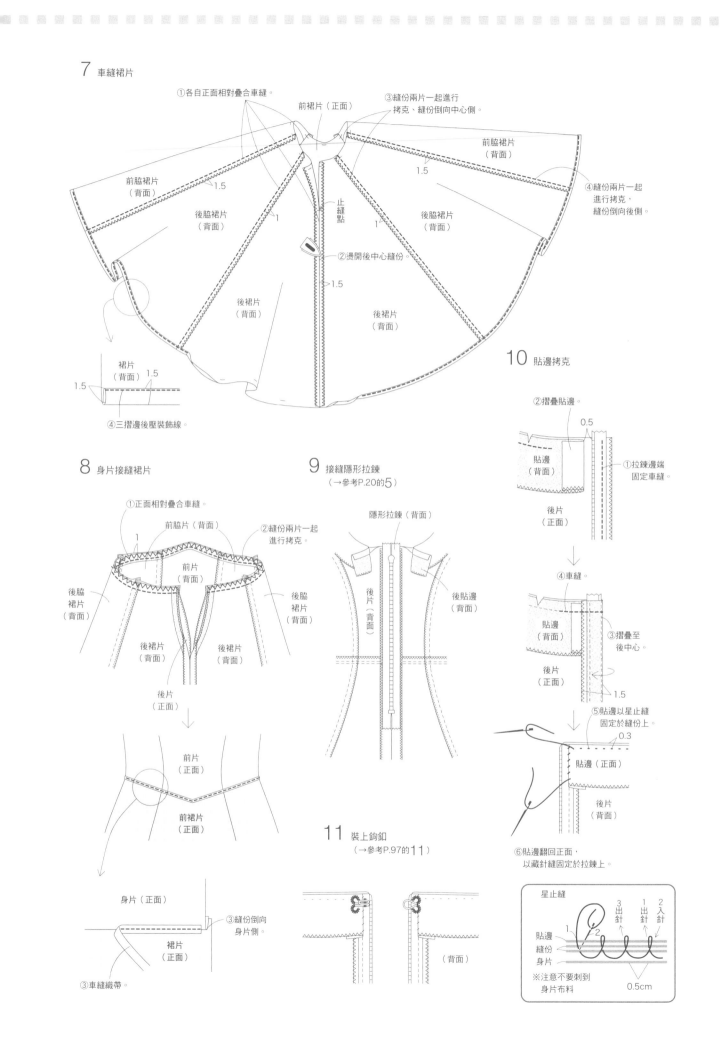

7 車縫裙片

①各自正面相對疊合車縫。

前裙片（正面）

③縫份兩片一起進行拷克、縫份倒向中心側。

前脇裙片（背面）

前脇裙片（背面） 1.5

後脇裙片（背面）

後脇裙片（背面）

1.5

1

1

止縫點

④縫份兩片一起進行拷克，縫份倒向後側。

②燙開後中心縫份。

後裙片（背面）

1.5

後裙片（背面）

裙片（背面） 1.5

1.5

④三摺邊後壓裝飾線。

8 身片接縫裙片

①正面相對疊合車縫。

②縫份兩片一起進行拷克。

前脇片（背面）

1

前片（背面）

後脇裙片（背面）

後脇裙片（背面）

後裙片（背面）

後裙片（背面）

後片（正面）

前片（正面）

前裙片（正面）

身片（正面）

③縫份倒向身片側。

裙片（正面）

③車縫織帶。

9 接縫隱形拉鍊
（→參考P.20的5）

隱形拉鍊（背面）

後片（背面）

後貼邊（背面）

11 裝上鉤釦
（→參考P.97的11）

（背面）

10 貼邊拷克

②摺疊貼邊。

0.5

貼邊（背面）

①拉鍊邊端固定車縫。

後片（正面）

④車縫。

貼邊（背面）

③摺疊至後中心。

後片（正面）

1.5

⑤貼邊以星止縫固定於縫份上。

0.3

貼邊（正面）

後片（背面）

⑥貼邊翻回正面，以藏針縫固定於拉鍊上。

星止縫

3 出針　1 出針　2 入針

貼邊
縫份
身片

※注意不要刺到身片布料

0.5cm

《原寸紙型》
3面 H-1前片・H-2後片・H-3領子・H-4外袖・H-5內袖・
H-6前貼邊・H-7後腰帶

《材料》
・斜紋布　寬150cm×160cm
・黏著襯　寬120cm×70cm
・直徑2cm包釦　8個
・直徑1.5cm包釦　6個
・厚度1cm墊肩　1組
・厚度1.5cm暗釦　2組

《完成尺寸》
胸圍　87／90／93／96cm
腰圍　70／73／76／79cm
衣長　89／90.5／91.5／93cm（從 NP 到燕尾服下襬）

製作順序

1 參考裁布圖裁剪布料，
依指定位置貼上黏著襯，處理縫份。

10 接縫墊肩
（→參考P.94的10）

8 製作袖子

9 接縫袖子
（→參考P.94的10）

3 車縫身片後中心和肩線

11 製作後腰帶・
接縫

2 車縫身片尖褶
（→參考P.92的2）

4 身片接縫裡領

5 車縫表領和貼邊

6 接縫表領和貼邊

後片

前片

7 車縫脇邊、
下襬

12 裝上包釦・暗釦

裁布圖

斜紋布

摺雙

此處可裁剪包釦用布

前貼邊
（2片）

領子
（2片）

（0）

後腰帶
（2片）

前片
（2片）

160
cm
（共同）

後片
（2片）

外袖
（2片）

內袖
（2片）

（3）　（3）

150cm

2 車縫身片尖褶
（→參考P.92的2）

前片
（背面）

後片
（背面）

各自倒向
中心側

3 車縫身片後中心和肩線

前片
（背面）

車縫至
記號處

②
前・後身片的
肩線正面相對
疊合車縫，
燙開縫份。

後片
（背面）

①後中心車縫
至止縫點，
燙開縫份。

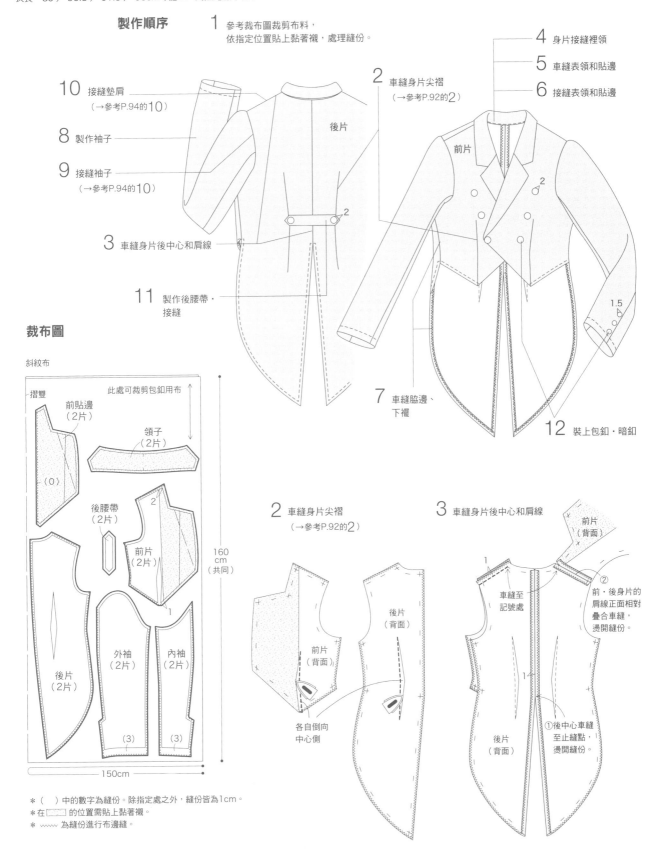

＊（　）中的數字為縫份。除指定處之外，縫份皆為1cm。
＊在▨▨的位置需貼上黏著襯。
＊〜〜〜 為縫份進行布邊縫。

4 身片接縫裡領

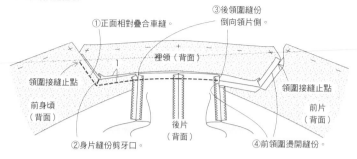

①正面相對疊合車縫。
③後領圍縫份倒向領片側。
裡領（背面）
領圍接縫止點
前身頃（背面）
領圍接縫止點
前片（背面）
②身片縫份剪牙口。
後片（背面）
④前領圍燙開縫份。

5 車縫表領和貼邊

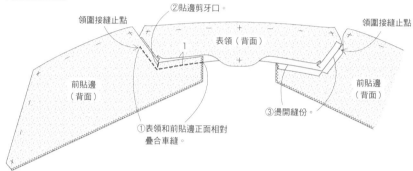

②貼邊剪牙口。
領圍接縫止點
表領（背面）
領圍接縫止點
前貼邊（背面）
前貼邊（背面）
①表領和前貼邊正面相對疊合車縫。
③燙開縫份。

6 接縫表領和貼邊

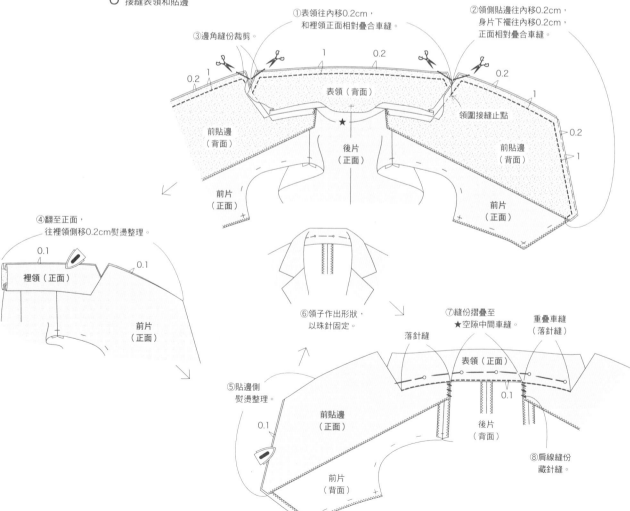

①表領往內移0.2cm，和裡領正面相對疊合車縫。
②領側貼邊往內移0.2cm，身片下襬往內移0.2cm，正面相對疊合車縫。
③邊角縫份裁剪。
0.2
1
1
0.2
表領（背面）
0.2
1
領圍接縫止點
前貼邊（背面）
後片（正面）
★
前貼邊（背面）
0.2
1
前片（正面）
前片（正面）

④翻至正面，往裡領側移0.2cm熨燙整理。
0.1
0.1
裡領（正面）
前片（正面）

⑥領子作出形狀，以珠針固定。

⑤貼邊側熨燙整理。
0.1
前貼邊（正面）
前片（背面）

⑦縫份摺疊至★空隙中間車縫。
重疊車縫（落針縫）
落針縫
表領（正面）
0.1
後片（背面）
⑧肩線縫份藏針縫。

7 車縫脇邊・下襬

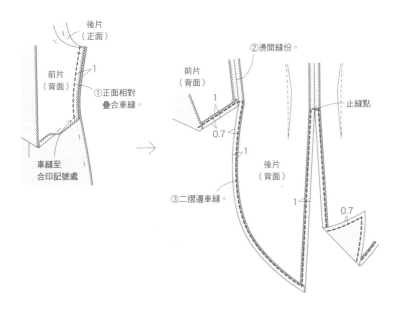

後片（正面）
前片（背面）
1
①正面相對疊合車縫。
車縫至合印記號處

②燙開縫份。
前片（背面）
1
0.7
1
後片（背面）
③二摺邊車縫。
止縫點
1
0.7

8 製作袖子

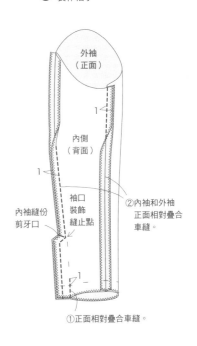

外袖（正面）
1
內側（背面）
1
內袖縫份剪牙口
袖口裝飾縫止點
②內袖和外袖正面相對疊合車縫。
①正面相對疊合車縫。

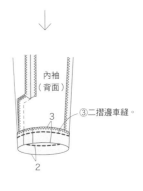

內袖（背面）
3
③二摺邊車縫。
2

10 接縫墊肩（→參考P.94的10）

〈墊肩的尺寸和接縫位置〉

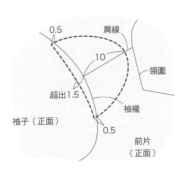

0.5
肩線
10
領圍
超出1.5
袖襱
袖子（正面）
0.5
前片（正面）

＊使用市售的墊肩（厚0.7至1cm）
＊在大約的縫製位置
　疏縫暫時固定，確認完成後再接縫。

11 製作後腰帶・接縫

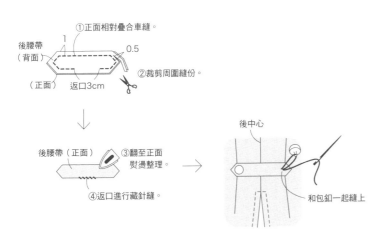

①正面相對疊合車縫。
後腰帶（背面）
1
0.5
（正面）
返口3cm
②裁剪周圍縫份。

後腰帶（正面）
③翻至正面熨燙整理。
④返口進行藏針縫。

後中心
和包釦一起縫上

12 裝上包釦・暗釦

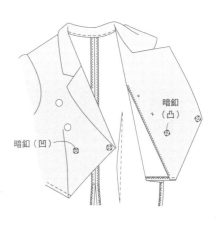

暗釦（凸）
暗釦（凹）

12 連帽披風 >>> P.25

《 原寸紙型 》
4面 J-1身片・J-2帽子

《 完成尺寸 》
身長 75.5cm

《 材料 》
・斜紋布 寬112cm×350cm
・鉤釦 1組

裁布圖

斜紋布

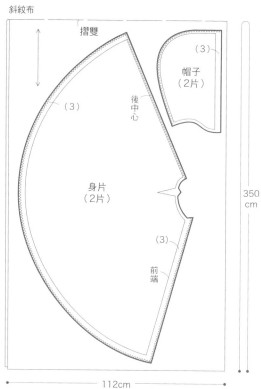

112cm

350cm

* （　）中的數字為縫份。除指定處之外，縫份皆為1cm。
* ～～～ 為縫份進行布邊縫。

製作順序

1 參考裁布圖裁剪布料，處理縫份

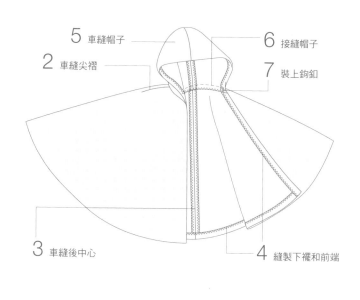

5 車縫帽子　　6 接縫帽子
2 車縫尖褶　　7 裝上鉤釦
3 車縫後中心　　4 縫製下襬和前端

11.將短版斗篷身長加長，
製作紙型

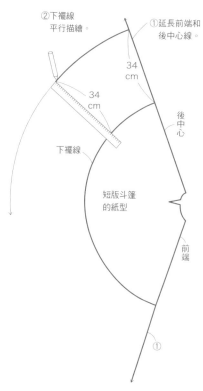

②下襬線
平行描繪。

①延長前端和
後中心線。

34cm

34cm

後中心

下襬線

短版斗篷
的紙型

前端

①

2 車縫尖褶

①正面相對疊合車縫。

摺雙　　　後中心

車縫線
打結

正面

身片
（背面）

②倒向後側。

後中心

身片
（背面）

3 車縫後中心

①身片正面相對
　疊合車縫。

身片
（正面）

身片
（背面）

1

②燙開縫份。

4 縫製下襬和前端

前端

身片
（背面）

①二摺邊。

②下襬藏針縫。

③前端
　藏針縫。

3

5 車縫帽子

①正面相對疊合車縫。

帽子
（正面）

②燙開縫份。

帽子
（背面）

1

③帽子口處理縫份。

④二摺邊。

帽子
（背面）

⑤帽口
　藏針縫。

3

6 接縫帽子

②弧度
　剪牙口。

①帽子和身片正面相對
　疊合車縫。

③縫份兩片一起進行拷克。
　倒向身片側。

1

帽子
（背面）

身片
（正面）

7 裝上鉤釦

帽子
（背面）

帽子
（背面）

露出
釦環

鉤子
稍稍內縮

0.2至
0.3cm

左身片
（背面）

右身片
（背面）

前端

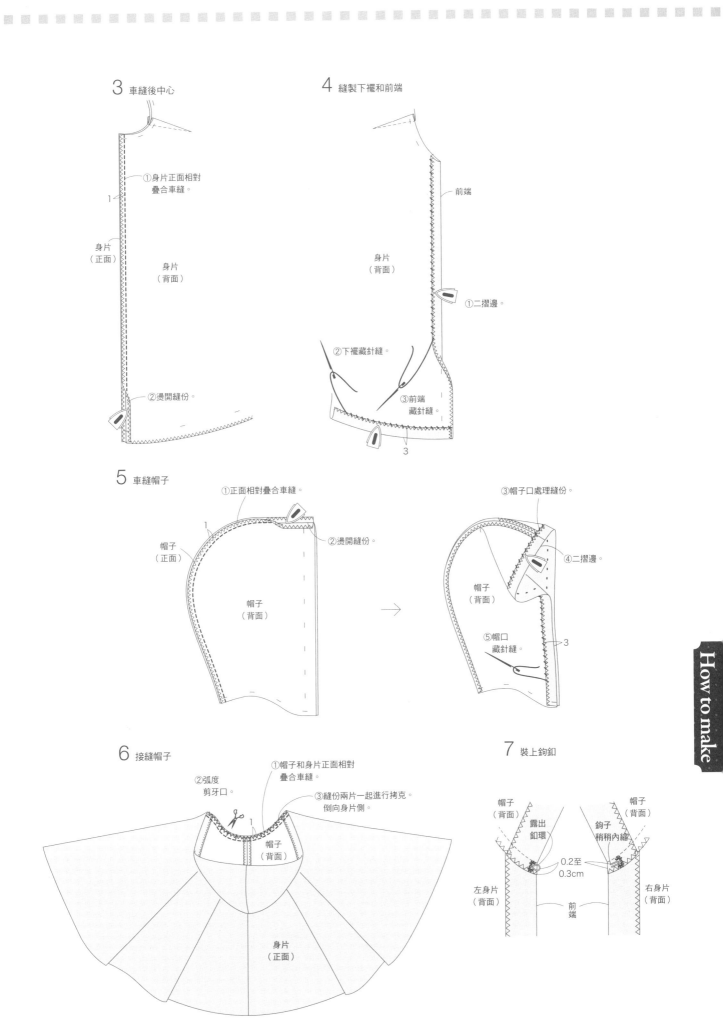

《 原寸紙型 》

4面 I-1身片・I-2領子

《 完成尺寸 》

身長 41.5cm

《 材料 》

・沙典　寬112cm×110cm
・黏著襯（厚）　寬50cm×10cm
・鉤釦　1組

裁布圖

沙典

摺雙

表領
（1片）

後中心

身片
（2片）

裡領
（1片）

摺雙

（1.5）

（1.5）

前端

（1.5）

（1.5）

110 cm

112cm

* （　）中的數字為縫份。除指定處之外，縫份皆為1cm。
* 在 ▭ 的位置需貼上黏著襯。
* ∿∿∿ 為縫份進行布邊縫。

製作順序

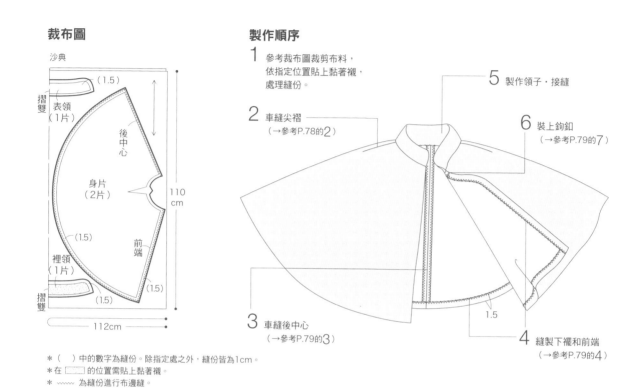

1 參考裁布圖裁剪布料，依指定位置貼上黏著襯，處理縫份。

2 車縫尖褶
（→參考P.78的2）

3 車縫後中心
（→參考P.79的3）

4 縫製下襬和前端
（→參考P.79的4）

5 製作領子・接縫

6 裝上鉤釦
（→參考P.79的7）

1.5

5 製作領子・接縫

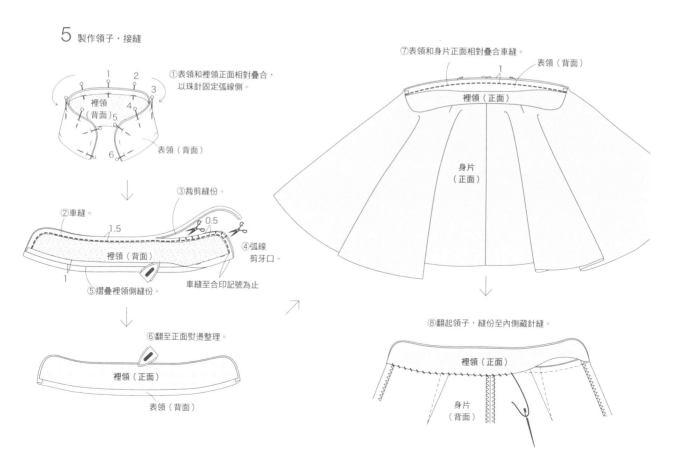

①表領和裡領正面相對疊合，以珠針固定弧線側。

裡領
（背面）

表領（背面）

②車縫。

③裁剪縫份。

1.5

0.5

裡領（背面）

④弧線剪牙口

車縫至合印記號為止

1

⑤摺疊裡領側縫份。

⑥翻至正面熨燙整理。

裡領（正面）

表領（背面）

⑦表領和身片正面相對疊合車縫。

表領（背面）

裡領（正面）

身片
（正面）

⑧翻起領子，縫份至內側藏針縫。

裡領（正面）

身片
（背面）

《 原寸紙型 》

4面　K-1前片・K-2後片・K-3前貼邊・K-4後貼邊・
K-5胸前口袋

《 完成尺寸 》

胸圍　87／90／93／96cm
衣長　49／50／51／52cm

《 材料 》

・20號斜紋布　寬112cm×130cm
・黏著襯　寬50cm×70cm
・直徑1.7cm的釦子　4個

裁布圖

20號斜紋布

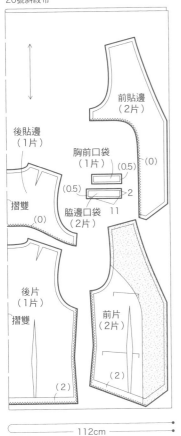

130 cm（共同）

112cm

製作順序

1　參考裁布圖裁剪布料，依指定位置貼上黏著襯，處理縫份。

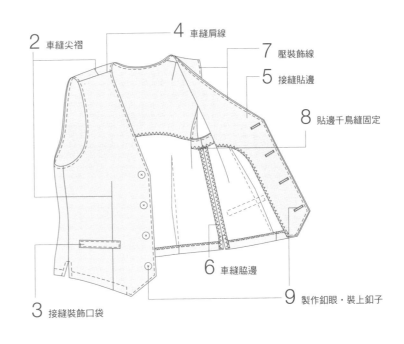

2　車縫尖褶
4　車縫肩線
7　壓裝飾線
5　接縫貼邊
8　貼邊千鳥縫固定
6　車縫脇邊
9　製作釦眼・裝上釦子
3　接縫裝飾口袋

＊（　）中的數字為縫份。除指定處之外，縫份皆為1cm。
＊在 ▭ 的位置需貼上黏著襯。
＊ ⋎⋎⋎ 為縫份進行布邊縫。

2　車縫尖褶

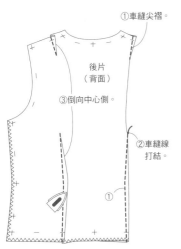

①車縫尖褶。
後片（背面）
③倒向中心側。
②車縫線打結。
①

＊前片・後貼邊也以相同方法車縫尖褶，
　縫份倒向中心側。

3　接縫裝飾口袋

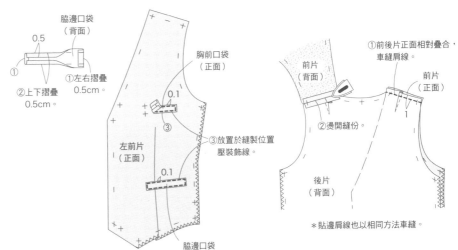

脇邊口袋（背面）
0.5
①
①左右摺疊 0.5cm。
②上下摺疊 0.5cm。
胸前口袋（正面）
0.1
③
左前片（正面）
③放置於縫製位置壓裝飾線。
0.1
脇邊口袋（正面）

＊脇邊口袋車縫至右前身片。

4　車縫肩線

①前後片正面相對疊合，車縫肩線。
前片（背面）
前片（正面）
1
②燙開縫份。
後片（背面）

＊貼邊肩線也以相同方法車縫。

How to make

5 接縫貼邊

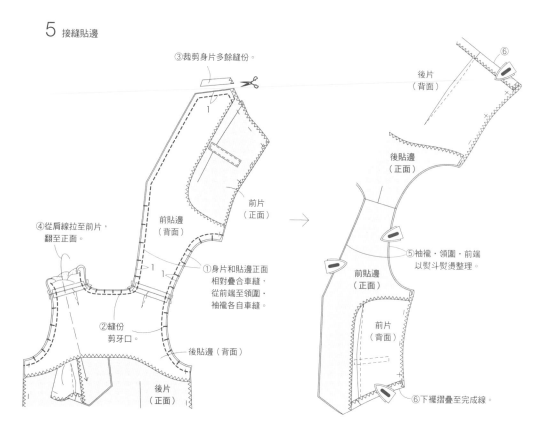

③裁剪身片多餘縫份。

前片（正面）

前貼邊（背面）

④從肩線拉至前片，翻至正面。

①身片和貼邊正面相對疊合車縫，從前端至領圍，袖襱各自車縫。

②縫份剪牙口。

後貼邊（背面）

後片（正面）

後片（背面）

⑥

後貼邊（正面）

前貼邊（正面）

前片（背面）

⑤袖襱‧領圍‧前端以熨斗熨燙整理。

⑥下襬摺疊至完成線。

6 車縫脇邊

後片（正面）

後貼邊（正面）

前貼邊（正面）

前貼邊（背面）

前片（背面）

①對齊前後，脇邊車縫至貼邊。

止縫點

回針縫

身片（正面）

脇邊

止縫點

③反摺車縫。

④裁剪多餘縫份。

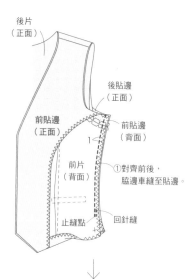

②燙開縫份。

前片（背面）

後片（背面）

⑤熨燙整理。

7 壓裝飾線

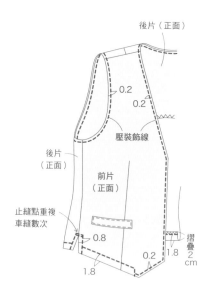

後片（正面）

0.2

0.2

後片（正面）

壓裝飾線

前片（正面）

止縫點重複車縫數次

0.8

1.8

0.2

摺疊2cm

1.8

8 貼邊千鳥縫固定

貼邊千鳥縫固定至脇邊縫份

前貼邊（正面）

後貼邊（正面）

前片（背面）

後片（背面）

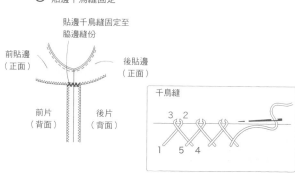

千鳥縫

3 2

1 5 4

《 原寸紙型 》

4面　L-1前褲管・L-2後褲管・L-3剪接片・L-4右腰帶・L-5左腰帶
L-6貼邊・L-7持出・L-8口袋

《 完成尺寸 》

腰圍　71／74／77／80cm
臀圍　93／96／99／102cm
衣長　93／94／95／96cm

《 材料 》

・合成皮革　寬135×140／140／150／160cm
・黏著襯　寬90cm×30cm
・長12cm拉鍊　1條
・前鉤釦　1組

裁布圖

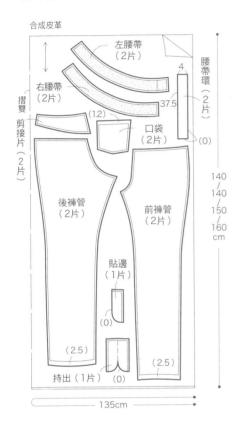

合成皮革

左腰帶（2片）
右腰帶（2片）
腰帶環（2片）
摺雙
剪接片（2片）
（1.2）
4
37.5
（0）
口袋（2片）
後褲管（2片）
前褲管（2片）
貼邊（1片）
（0）
持出（1片）　（0）
（2.5）
（2.5）
140／140／150／160cm
135cm

＊（　）中的數字為縫份。除指定處之外，縫份皆為1cm。
＊在 ▨ 的位置需貼上黏著襯。
＊合成皮革不可熨燙處理。
＊壓裝飾線固定縫份。
＊請使用皮革專用車縫針。
＊皮革不會綻線，不需拷克處理。
　如果換成一般布料，縫份需進行布邊縫。

製作順序

1　參考裁布圖裁剪布料，
　依指定位置貼上黏著襯。

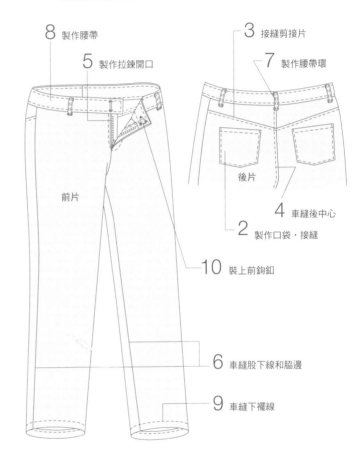

8　製作腰帶
5　製作拉鍊開口
3　接縫剪接片
7　製作腰帶環
前片
後片
10　裝上前鉤釦
2　製作口袋・接縫
4　車縫後中心
6　車縫股下線和脇邊
9　車縫下襬線

2　製作口袋・接縫

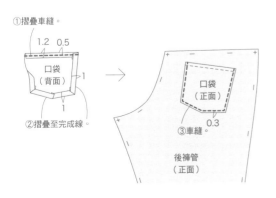

①摺疊車縫。
1.2　0.5
口袋（背面）
1
②摺疊至完成線。
1
口袋（正面）
0.3
③車縫
後褲管（正面）

3　接縫剪接片

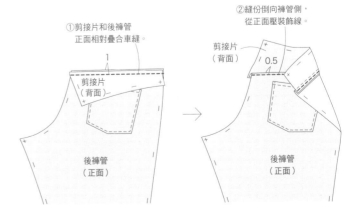

①剪接片和後褲管
正面相對疊合車縫。
1
剪接片（背面）
後褲管（正面）
②縫份倒向褲管側，
從正面壓裝飾線。
剪接片（背面）
0.5
後褲管（正面）

4 車縫後中心

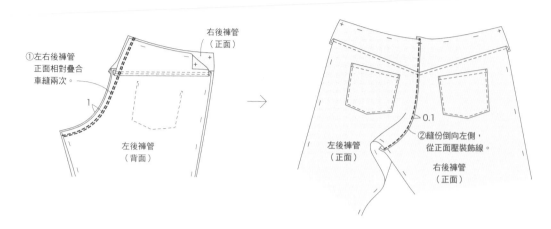

①左右後褲管
正面相對疊合
車縫兩次。

右後褲管
（正面）

左後褲管
（背面）

左後褲管
（正面）

0.1

②縫份倒向左側，
從正面壓裝飾線。

右後褲管
（正面）

5 製作拉鍊開口

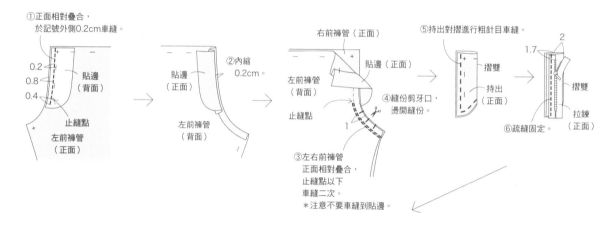

①正面相對疊合，
於記號外側0.2cm車縫。

0.2
0.8
0.4

貼邊
（背面）

止縫點

左前褲管
（正面）

貼邊
（正面）

②內縮
0.2cm。

左前褲管
（背面）

右前褲管（正面）

貼邊（正面）

左前褲管
（背面）

止縫點

④縫份剪牙口，
燙開縫份。

③左右前褲管
正面相對疊合，
止縫點以下
車縫二次。
＊注意不要車縫到貼邊。

⑤持出對摺進行粗針目車縫。

摺雙

持出
（正面）

2
1.7

摺雙

拉鍊
（正面）

⑥疏縫固定。

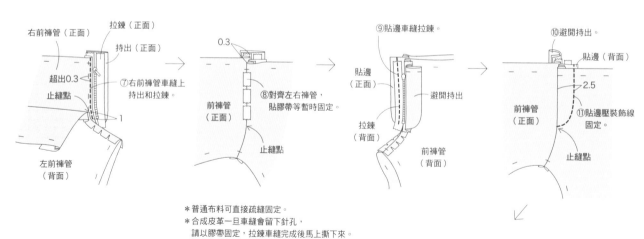

右前褲管（正面）

拉鍊（正面）

持出（正面）

超出0.3

止縫點

⑦右前褲管車縫上
持出和拉鍊。

左前褲管
（背面）

0.3

前褲管
（正面）

止縫點

⑧對齊左右褲管，
貼膠帶等暫時固定。

⑨貼邊車縫拉鍊。

貼邊
（正面）

避開持出

拉鍊
（背面）

前褲管
（背面）

⑩避開持出。

貼邊（背面）

2.5

前褲管
（正面）

⑪貼邊壓裝飾線
固定。

止縫點

＊普通布料可直接疏縫固定。
＊合成皮革一旦車縫會留下針孔，
　請以膠帶固定，拉鍊車縫完成後馬上撕下來。

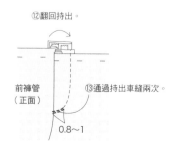

⑫翻回持出。

前褲管
（正面）

⑬通過持出車縫兩次。

0.8～1

6 車縫股下線和脇邊

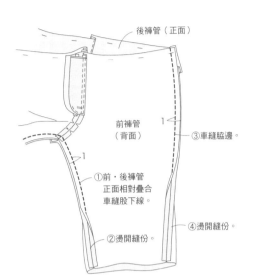

後褲管（正面）

前褲管（背面）

③車縫脇邊。

①前・後褲管正面相對疊合車縫股下線。

②燙開縫份。

④燙開縫份。

7 製作腰帶環

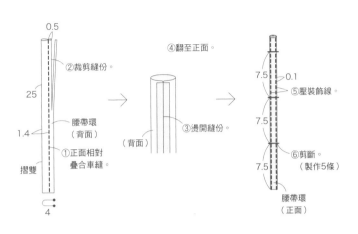

0.5

②裁剪縫份。

25

1.4

腰帶環（背面）

①正面相對疊合車縫。

摺雙

4

④翻至正面。

（背面）

③燙開縫份。

7.5　0.1

⑤壓裝飾線。

7.5

7.5

⑥剪斷。（製作5條）

腰帶環（正面）

8 製作腰帶

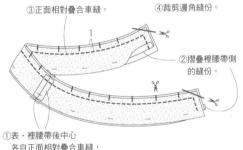

③正面相對疊合車縫。

④裁剪邊角縫份。

②摺疊裡腰帶側的縫份。

①表・裡腰帶後中心各自正面相對疊合車縫，燙開縫份。

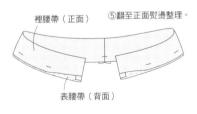

裡腰帶（正面）

⑤翻至正面熨燙整理。

表腰帶（背面）

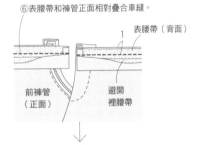

⑥表腰帶和褲管正面相對疊合車縫。

表腰帶（背面）

1

前褲管（正面）

避開裡腰帶

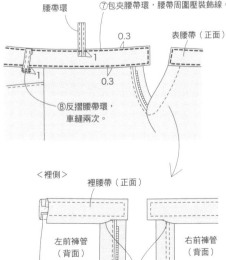

腰帶環

⑦包夾腰帶環，腰帶周圍壓裝飾線。

0.3

1

0.3

表腰帶（正面）

⑧反摺腰帶環，車縫兩次。

＜裡側＞

裡腰帶（正面）

左前褲管（背面）

右前褲管（背面）

裡腰帶縫份自然摺疊

9 車縫下襬線

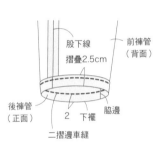

股下線

摺邊2.5cm

前褲管（背面）

後褲管（正面）

2　下襬

脇邊

二摺邊車縫

10 裝上前鈎釦

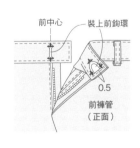

前中心

裝上前鈎環

0.5

前褲管（正面）

How to make

85

《 原寸紙型 》

5面　M-1前片・M-2後片・M-3袖子・M-4領子・M-5袖口布・
M-6胸襠布・M-7前貼邊・M-8後貼邊・M-9蝴蝶結

《 材料 》

・化纖軋別丁（藍灰色）　寬150cm×140cm
・化纖軋別丁（白）　寬150cm×50cm
・薄化纖布（深藍色）　寬114cm×25cm
・黏著襯　寬90cm×70cm
・0.5cm織帶　250cm
・長56cm隱形拉鍊　1條
・直徑0.8cm暗釦　6組

《 完成尺寸 》

胸圍　102／105／108／111cm
衣長　63.6／64.8／66／67.4cm

裁布圖

製作順序

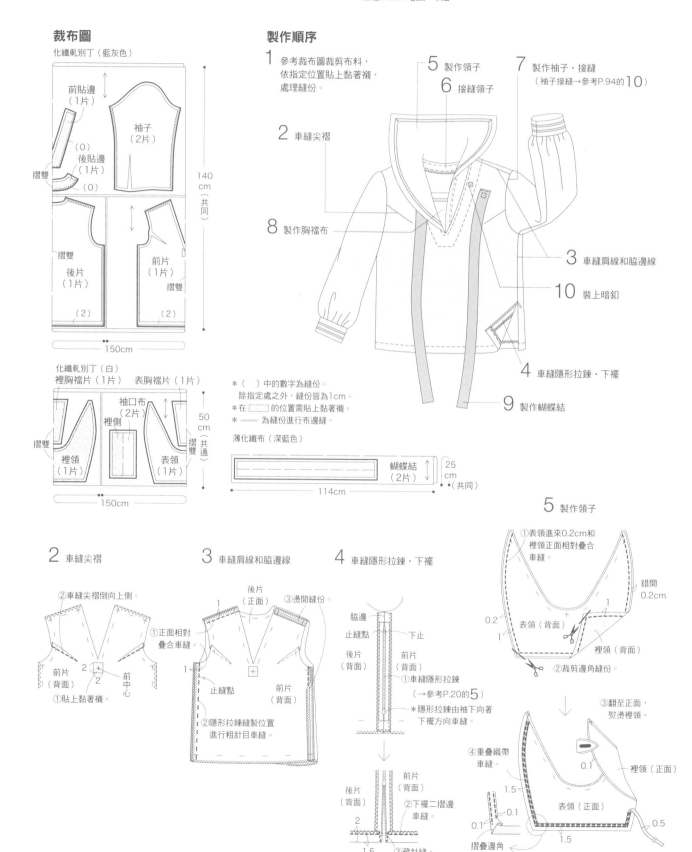

1　參考裁布圖裁剪布料，依指定位置貼上黏著襯，處理縫份。

2　車縫尖褶

8　製作胸襠布

5　製作領子

6　接縫領子

7　製作袖子・接縫（袖子接縫→參考P.94的10）

3　車縫肩線和脇邊線

10　裝上暗釦

4　車縫隱形拉鍊・下襬

9　製作蝴蝶結

化纖軋別丁（藍灰色）

前貼邊（1片）
袖子（2片）
（0）
摺雙
後貼邊（1片）
（0）
摺雙
後片（1片）
前片（1片）
摺雙
（2）　　（2）

140cm（共同）

150cm

化纖軋別丁（白）

裡胸襠片（1片）　表胸襠片（1片）
袖口布（2片）
裡側
摺雙
裡領（1片）
表領（1片）
摺雙（共通）

50cm（共同）

150cm

＊（　）中的數字為縫份。
　除指定處之外，縫份皆為1cm。
＊在 ▭ 的位置需貼上黏著襯。
＊ ～～ 為縫份進行布邊縫。

薄化纖布（深藍色）

蝴蝶結（2片）

114cm

25cm（共同）

2　車縫尖褶

②車縫尖褶倒向上側。
①正面相對疊合車縫。
前片（背面）
2　2
前中心
①貼上黏著襯。

3　車縫肩線和脇邊線

後片（正面）
③燙開縫份。
①正面相對疊合車縫。
止縫點
前片（背面）
1
②隱形拉鍊縫製位置進行粗針目車縫。

4　車縫隱形拉鍊・下襬

脇邊
止縫點
後片（背面）
下止
前片（背面）
①車縫隱形拉鍊（→參考P.20的5）
＊隱形拉鍊由袖下向著下襬方向車縫。
後片（背面）
前片（背面）
②下襬二摺邊車縫。
2
1.5　③藏針縫。

5　製作領子

①表領進來0.2cm和裡領正面相對疊合車縫。
錯開0.2cm
0.2
表領（背面）
1
裡領（背面）
②裁剪邊角縫份。
③翻至正面，熨燙裡領。
裡領（正面）
0.1
1.5
④重疊織帶車縫。
0.1
0.1
1.5
摺疊邊角
表領（正面）
1.5
0.5

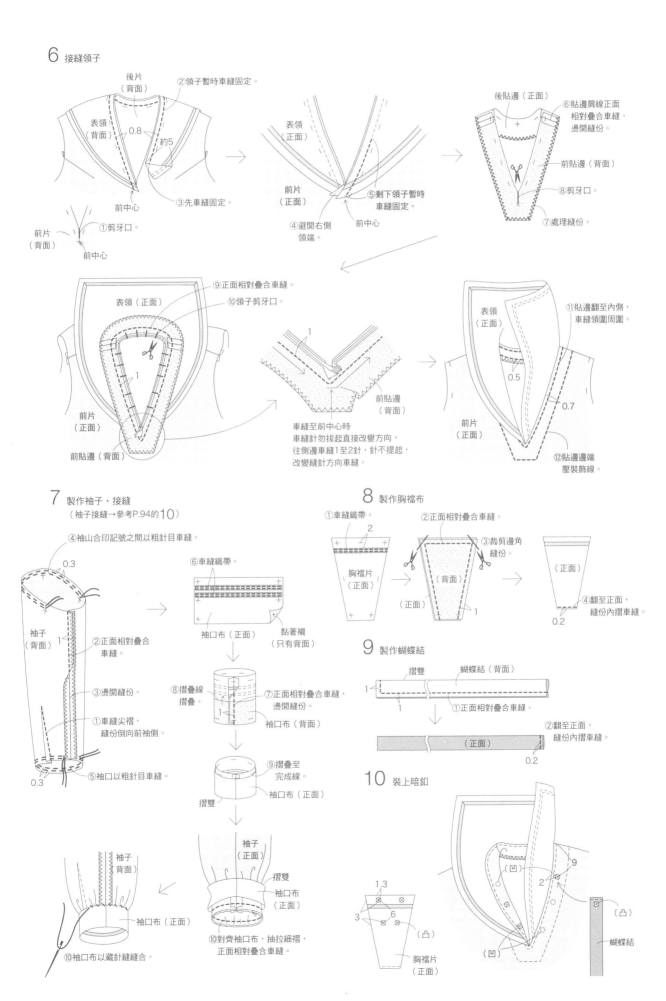

6 接縫領子

後片（背面）
②領子暫時車縫固定。
表領（背面）
0.8
約5
前中心
③先車縫固定。
①剪牙口。
前片（背面）
前中心

表領（正面）
⑤剩下領子暫時車縫固定。
前片（正面）
④避開右側領端。
前中心

後貼邊（正面）
⑥貼邊肩線正面相對疊合車縫，燙開縫份。
前貼邊（背面）
⑧剪牙口。
⑦處理縫份。

⑨正面相對疊合車縫。
⑩領子剪牙口。
表領（正面）
前片（正面）
前貼邊（背面）

1
前貼邊（背面）
車縫至前中心時車縫針勿拔起直接改變方向，往側邊車縫1至2針，針不提起，改變縫針方向車縫。

表領（正面）
⑪貼邊翻至內側，車縫領圍周圍。
0.5
前片（正面）
0.7
⑫貼邊邊端壓裝飾線。

7 製作袖子・接縫
（袖子接縫→參考P.94的10）

④袖山合印記號之間以粗針目車縫。
0.3
袖子（背面）
1
②正面相對疊合車縫。
③燙開縫份。
①車縫尖褶，縫份倒向前袖側。
0.3
⑤袖口以粗針目車縫。

⑥車縫織帶。
2
袖口布（正面）
黏著襯（只有背面）
⑧摺疊線摺疊
⑦正面相對疊合車縫，燙開縫份。
袖口布（背面）
1
⑨摺疊至完成線。
袖口布（正面）
摺雙

袖子（背面）
袖子（正面）
摺雙
袖口布（正面）
袖口布（正面）
⑩袖口布以藏針縫縫合。
⑩對齊袖口布，抽拉細褶，正面相對疊合車縫。

8 製作胸襠布

①車縫織帶。
2
胸襠片（正面）
②正面相對疊合車縫。
（背面）
③裁剪邊角縫份。
（正面）
1
（正面）
（正面）
④翻至正面，縫份內摺車縫。
0.2

9 製作蝴蝶結

摺雙
蝴蝶結（背面）
1
1
①正面相對疊合車縫。
（正面）
②翻至正面，縫份內摺車縫。
0.2

10 裝上暗釦

1.3
3
6
（凸）
胸襠片（正面）

（凹）
9
2
（凸）
（凹）
蝴蝶結

《 原寸紙型 》

5面　N-1前片・N-2後片・N-3袖子・N-4領子・N-5短冊

《 材料 》

・吸溼排汗針織布（橘色）　寬150cm×75cm
・吸溼排汗針織布（深藍色）　寬150cm×30cm
・黏著襯　寬40cm×30cm
・直徑1.5cm釦子　3個
・針織布專用車縫線
・防綻線液

《 完成尺寸 》

胸圍　85.5／88.5／91.5／94.5cm
袖長　14.5／15.5／16.5／17.5cm
衣長　59.6／60.9／62.1／63.4cm

裁布圖

吸溼排汗針織布（橘色）

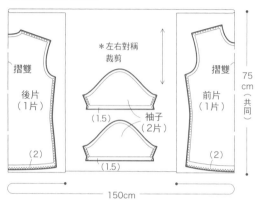

吸溼排汗針織布（深藍色）

* （　）中的數字為縫份。除指定處之外，縫份皆為1cm。
* 在 ▨ 的位置需貼上黏著襯。
*〜〜〜 為縫份進行布邊縫。

製作順序

1 參考裁布圖裁剪布料，
　依指定位置貼上黏著襯，處理縫份。

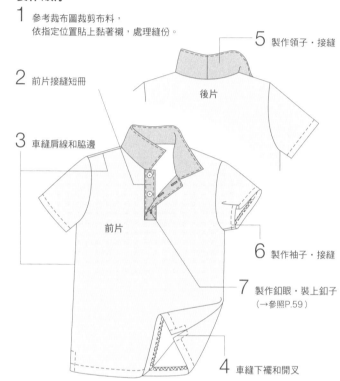

5 製作領子・接縫
後片
前片
2 前片接縫短冊
3 車縫肩線和脇邊
6 製作袖子・接縫
7 製作釦眼・裝上釦子
　（→參照P.59）
4 車縫下襬和開叉

2 前片接縫短冊

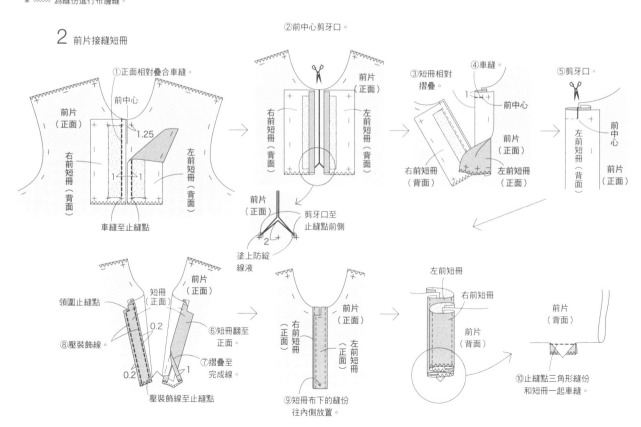

3 車縫肩線和脇邊

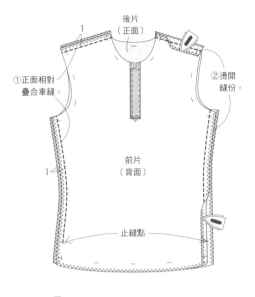

①正面相對
疊合車縫。

②燙開
縫份。

後片
（正面）

前片
（背面）

止縫點

4 車縫下襬和開叉

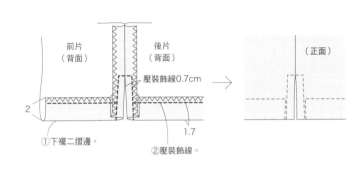

前片
（背面）

後片
（背面）

壓裝飾線0.7cm

①下襬二摺邊。

②壓裝飾線。

2

1.7

（正面）

5 製作領子・接縫

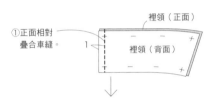

①正面相對
疊合車縫。

裡領（正面）

裡領（背面）

1

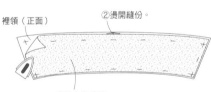

裡領（正面）

②燙開縫份。

③貼上黏著襯。

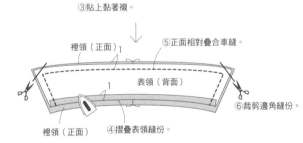

裡領（正面）

⑤正面相對疊合車縫。

表領（背面）

裡領（正面）

④摺疊表領縫份。

⑥裁剪邊角縫份。

⑦翻至正面。

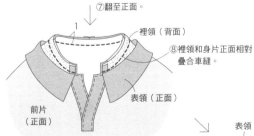

裡領（背面）

⑧裡領和身片正面相對
疊合車縫。

表領（正面）

前片
（正面）

6 製作袖子・接縫

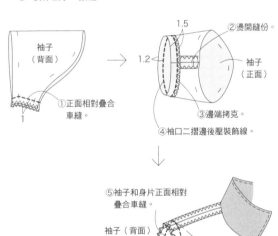

袖子
（背面）

①正面相對疊合
車縫。

②燙開縫份。

袖子
（正面）

③邊端拷克。

④袖口二摺邊後壓裝飾線。

1.5

1.2

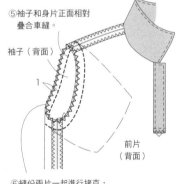

⑤袖子和身片正面相對
疊合車縫。

袖子（背面）

1

前片
（背面）

⑥縫份兩片一起進行拷克，
倒向衣身側。

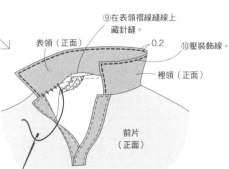

⑨在表領褶線縫線上
藏針縫。

表領（正面）

⑩壓裝飾線。

0.2

裡領（正面）

前片
（正面）

How to make

《 完成尺寸 》

【上衣】 衣長　58.5cm
【下衣】 裙長　97cm

《 材料 》

・本色細平布（和風圖案）　寬110cm×320cm

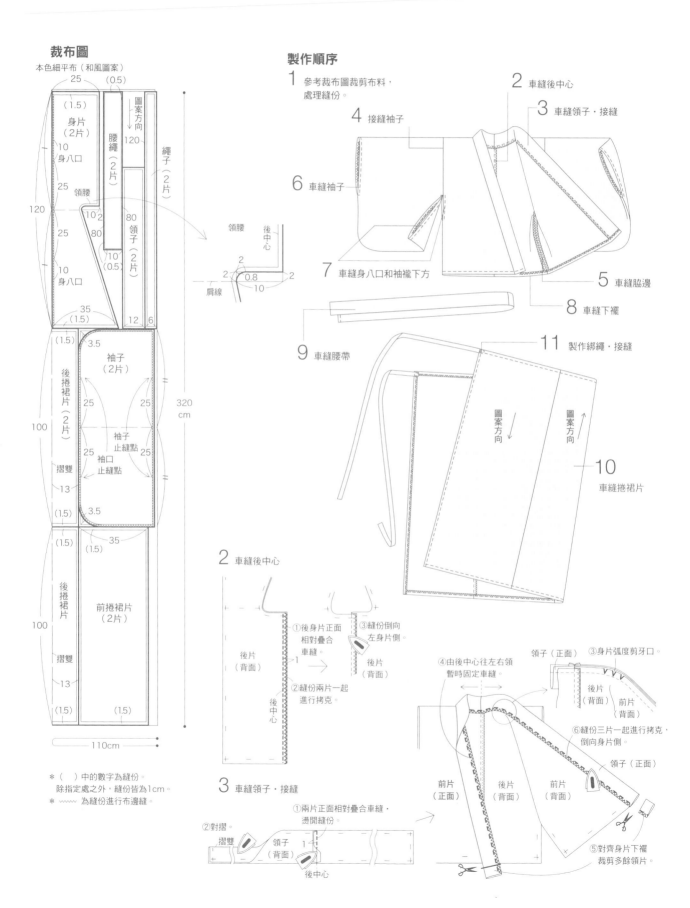

裁布圖

本色細平布（和風圖案）

製作順序

1　參考裁布圖裁剪布料，處理縫份。

2　車縫後中心

3　車縫領子・接縫

4　接縫袖子

5　車縫脇邊

6　車縫袖子

7　車縫身八口和袖襱下方

8　車縫下襬

9　車縫腰帶

10　車縫捲裙片

11　製作綁繩・接縫

* （　）中的數字為縫份。
　除指定處之外，縫份皆為1cm。
* ～～～ 為縫份進行布邊縫。

2　車縫後中心

①後身片正面相對疊合車縫。
②縫份兩片一起進行拷克。
③縫份倒向左身片側。

3　車縫領子・接縫

①兩片正面相對疊合車縫，燙開縫份。
②對摺。
③身片弧度剪牙口。
④由後中心往左右領暫時固定車縫。
⑤對齊身片下襬裁剪多餘領片。
⑥縫份三片一起進行拷克，倒向身片側。

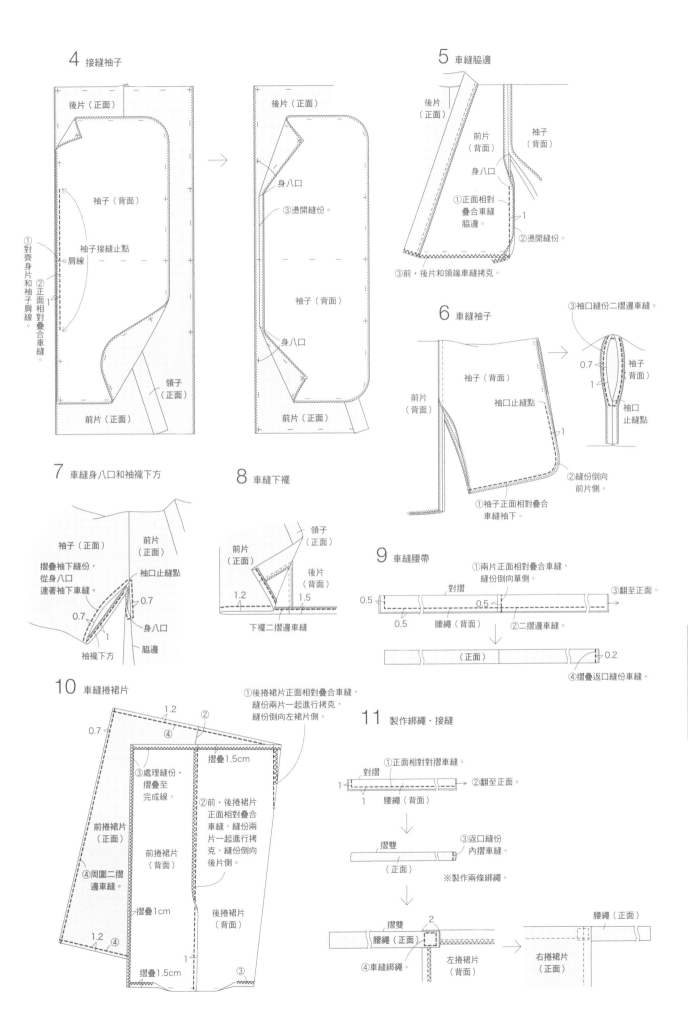

4 接縫袖子

後片（正面）

袖子（背面）

①對齊身片和袖子肩線。

袖子接縫止點
肩線

②正面相對疊合車縫。

1

前片（正面）

→

後片（正面）

身八口

③燙開縫份。

袖子（背面）

身八口

領子（正面）

前片（正面）

5 車縫脇邊

後片（正面）

前片（背面）

袖子（背面）

身八口

①正面相對疊合車縫脇邊。

1

②燙開縫份。

③前・後片和領端車縫拷克。

6 車縫袖子

前片（背面）

袖子（背面）

袖口止縫點

①袖子正面相對疊合車縫袖下。

1

→

③袖口縫份二摺邊車縫。

0.7

袖子背面

1

②縫份倒向前片側。

袖口止縫點

7 車縫身八口和袖襬下方

袖子（正面）

前片（正面）

摺疊袖下縫份，從身八口連著袖下車縫。

袖口止縫點

0.7

0.7

1

身八口

脇邊

袖襬下方

8 車縫下襬

前片（正面）

領子（正面）

後片（背面）

1.2

1.5

下襬二摺邊車縫

9 車縫腰帶

①兩片正面相對疊合車縫，縫份倒向單側。

0.5

對摺

0.5

腰繩（背面）

0.5

②二摺邊車縫。

③翻至正面。

（正面）

0.2

④摺疊返口縫份車縫。

10 車縫捲裙片

1.2

②

0.7

④

③處理縫份・摺疊至完成線。

①後捲裙片正面相對疊合車縫，縫份兩片一起進行拷克，縫份倒向左裙片側。

摺疊1.5cm

②前・後捲裙片正面相對疊合車縫，縫份兩片一起進行拷克，縫份倒向後片側。

前捲裙片（正面）

前捲裙片（背面）

④周圍二摺邊車縫。

摺疊1cm

後捲裙片（背面）

1.2

④

1

摺疊1.5cm

③

11 製作綁繩・接縫

①正面相對對摺車縫。

對摺

1

1

腰繩（背面）

②翻至正面。

摺雙

（正面）

③返口縫份內摺車縫。

※製作兩條綁繩。

摺雙

2

腰繩（正面）

④車縫綁繩。

左捲裙片（背面）

右捲裙片（正面）

腰繩（正面）

《 原寸紙型 》

6面　P-1前片‧P-2後片‧P-3袖子‧P-4領子‧P-5前貼邊‧
P-6後貼邊‧P-7袋蓋

《 完成尺寸 》

胸圍　99／102／105／108cm
衣長　64.9／66.2／67.4／68.7cm

《 材料 》

‧化纖斜紋布　寬150cm×170cm
‧黏著襯　寬90cm×100cm
‧直徑2cm釦子　3個
‧厚1.2cm墊肩　1組

裁布圖

化纖斜紋布

製作順序

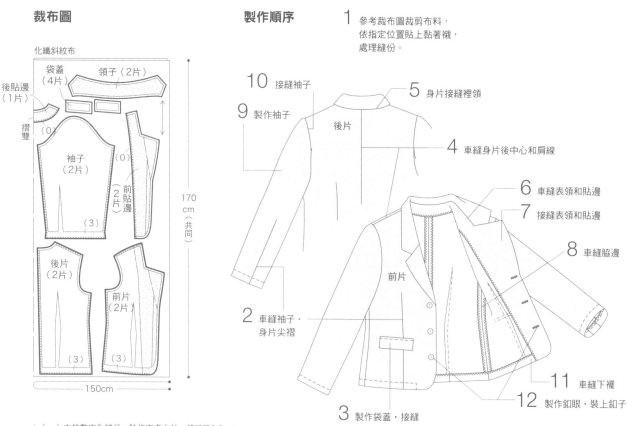

1　參考裁布圖裁剪布料，
依指定位置貼上黏著襯，
處理縫份。

10　接縫袖子

9　製作袖子

5　身片接縫裡領

4　車縫身片後中心和肩線

6　車縫表領和貼邊

7　接縫表領和貼邊

8　車縫脇邊

2　車縫袖子‧身片尖褶

11　車縫下襬

12　製作釦眼‧裝上釦子

3　製作袋蓋‧接縫

＊（　）中的數字為縫份。除指定處之外，縫份皆為1cm。
＊在　　　的位置需貼上黏著襯。
＊ ~~~~ 為縫份進行布邊縫。

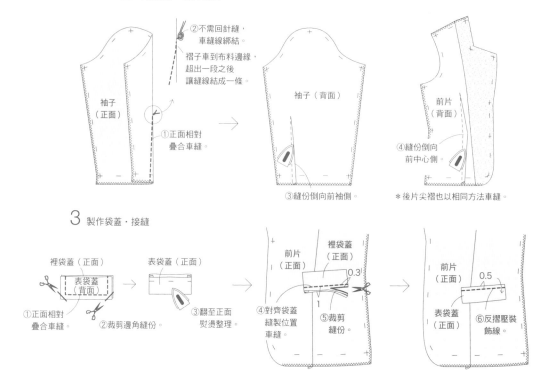

2　車縫袖子‧身片尖褶

②不需回針縫，
車縫線綁結。

褶子車到布料邊緣，
超出一段之後
讓縫線結成一條。

袖子（正面）

①正面相對
疊合車縫。

袖子（背面）

③縫份倒向前袖側。

前片（背面）

④縫份倒向
前中心側。

＊後片尖褶也以相同方法車縫。

3　製作袋蓋‧接縫

裡袋蓋（正面）

①正面相對
疊合車縫。

②裁剪邊角縫份。

表袋蓋（背面）

表袋蓋（正面）

③翻至正面
熨燙整理。

前片（正面）

裡袋蓋（正面）

0.3

④對齊袋蓋
縫製位置
車縫。

⑤裁剪
縫份。

前片（正面）

0.5

表袋蓋（正面）

⑥反摺壓裝
飾線。

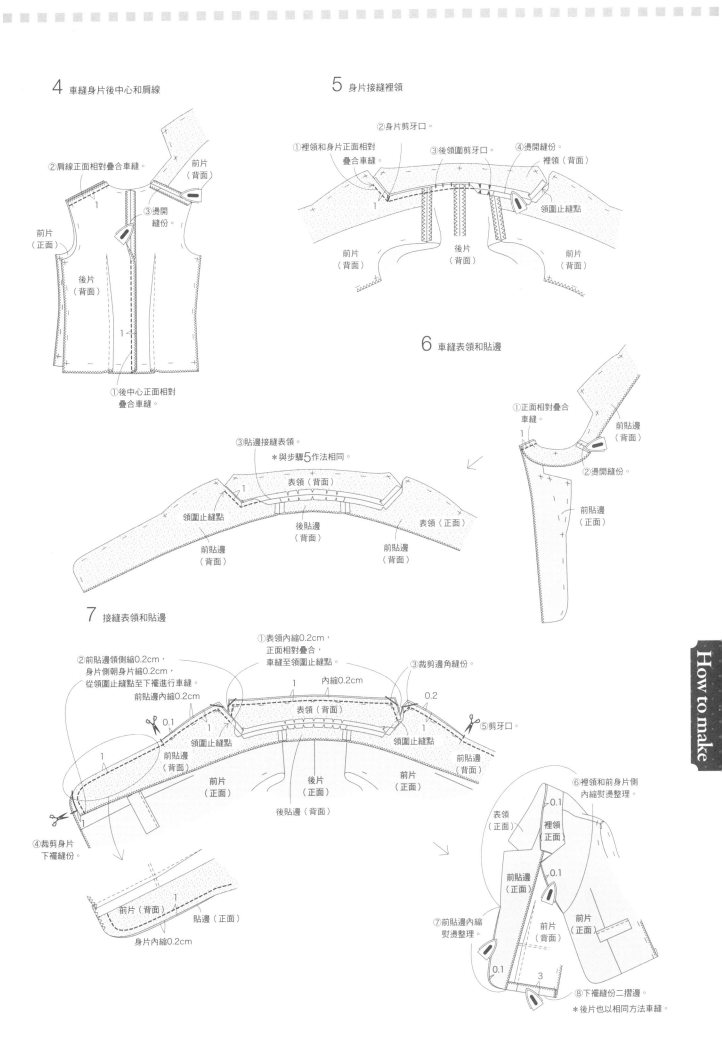

4　車縫身片後中心和肩線

②肩線正面相對疊合車縫。

前片
（背面）

③燙開
縫份。

前片
（正面）

後片
（背面）

①後中心正面相對
疊合車縫。

5　身片接縫裡領

②身片剪牙口。

①裡領和身片正面相對
疊合車縫。

③後領圍剪牙口。

④燙開縫份。

裡領
（背面）

前片
（背面）

後片
（背面）

領圍止縫點

前片
（背面）

6　車縫表領和貼邊

③貼邊接縫表領。
＊與步驟5作法相同。

表領（背面）

領圍止縫點

後貼邊
（背面）

前貼邊
（背面）

表領（正面）

前貼邊
（背面）

①正面相對疊合
車縫。

前貼邊
（背面）

②燙開縫份。

前貼邊
（正面）

7　接縫表領和貼邊

②前貼邊領側縮0.2cm，
身片側朝身片縮0.2cm，
從領圍止縫點至下襬進行車縫。
前貼邊內縮0.2cm

①表領內縮0.2cm，
正面相對疊合，
車縫至領圍止縫點。

內縮0.2cm

③裁剪邊角縫份。

0.2

表領（背面）

0.1

領圍止縫點

前貼邊
（背面）

領圍止縫點

前貼邊
（背面）

⑤剪牙口。

前片
（正面）

後片
（正面）

前片
（正面）

後貼邊（背面）

④裁剪身片
下襬縫份。

前片（背面）

貼邊（正面）

身片內縮0.2cm

⑥裡領和前身片側
內縮熨燙整理。

表領
（正面）

裡領
正面

0.1

前貼邊
（正面）

0.1

前片
（正面）

前片
（背面）

⑦前貼邊內縮
熨燙整理。

0.1

3

⑧下襬縫份二摺邊。

＊後片也以相同方法車縫。

How to make

93　身片剪牙口

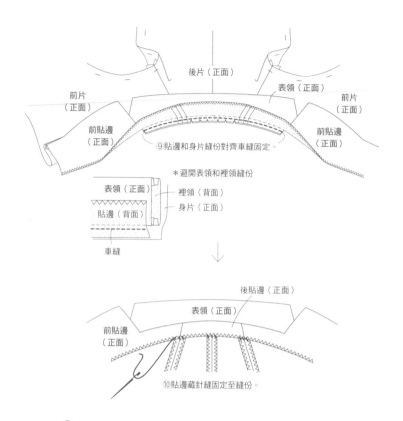

後片（正面）

表領（正面）

前片（正面）

前片（正面）

前貼邊（正面）

前貼邊（正面）

⑨貼邊和身片縫份對齊車縫固定。

＊避開表領和裡領縫份

表領（正面）

裡領（背面）

貼邊（背面）

身片（正面）

車縫

後貼邊（正面）

表領（正面）

前貼邊（正面）

⑩貼邊藏針縫固定至縫份。

8 車縫脇邊

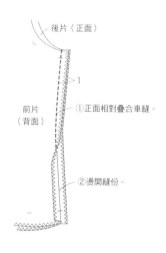

後片（正面）

前片（背面）

1

①正面相對疊合車縫。

②燙開縫份。

9 製作袖子

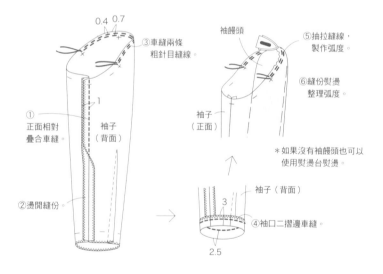

0.4 0.7

③車縫兩條
粗針目縫線。

①
正面相對
疊合車縫。

袖子（背面）

1

②燙開縫份。

袖饅頭

⑤抽拉縫線，
製作弧度。

⑥縫份熨燙
整理弧度。

袖子（正面）

＊如果沒有袖饅頭也可以
使用熨燙台熨燙。

袖子（背面）

3

④袖口二摺邊車縫。

2.5

11 車縫下襬

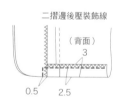

二摺邊後壓裝飾線

（背面）

3

0.5   2.5

10 接縫袖子

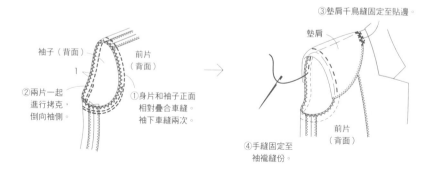

袖子（背面）

前片
（背面）

1

②兩片一起
進行拷克，
倒向袖側。

①身片和袖子正面
相對疊合車縫。
袖下車縫兩次。

③墊肩千鳥縫固定至貼邊。

墊肩

前片
（背面）

④手縫固定至
袖襱縫份。

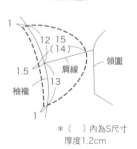

〈墊肩尺寸和縫製位置〉

1

12 15
（14）

領圍

1.5

肩線

13

袖襱

1

＊（　）內為S尺寸
厚度1.2cm

《 原寸紙型 》

6面　Q-1前片・Q-2後片・Q-3上袖・Q-4下袖・Q-5前裙片・
Q-6後裙片・Q-7領子

《 材料 》

・化纖斜紋布（水藍色）　寬150cm×250cm
・化纖軋別丁（白色）　寬150cm×75cm
・黏著襯　寬50cm×35cm
・長56cm隱形拉鍊　1條
・鉤釦　1組

《 完成尺寸 》

胸圍　93／96／99／102cm
腰圍　80.8／83.6／86.8／89.6cm
衣長　95.3／96.6／97.8／99.1cm

裁布圖

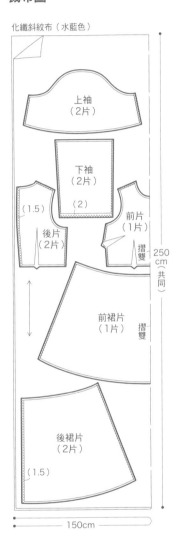

化纖斜紋布（水藍色）

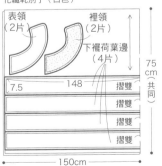

化纖軋別丁（白色）

＊下襬荷葉邊如果不使用布邊，
　邊端請先進行拷克。

＊（ ）中的數字為縫份。
　除指定處之外，縫份皆為1cm。
＊在 ▨ 的位置需貼上黏著襯。
＊ ∿∿∿ 為縫份進行布邊縫。

製作順序

1　參考裁布圖裁剪布料，
　　依指定位置貼上黏著襯。

9　接縫隱形拉鍊
　　（→參考P.20的5）

11　裝上鉤釦

10　領圍壓裝飾線

4　製作領子・接縫

3　車縫肩線和脇線
　　（→參考P.86的3）

5　製作袖子・
　　接縫

2　車縫尖褶
　　（→參考P.92的2）

8　身片接縫裙片

6　製作裙片

7　製作下襬荷葉邊・接縫

2　車縫尖褶（→參考P.92的2）

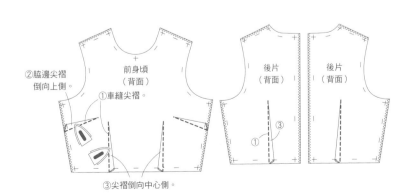

②脇邊尖褶
　倒向上側。

①車縫尖褶。

前身頃
（背面）

後片
（背面）

後片
（背面）

③尖褶倒向中心側。

How to make

— 95 —

4 製作領子・接縫

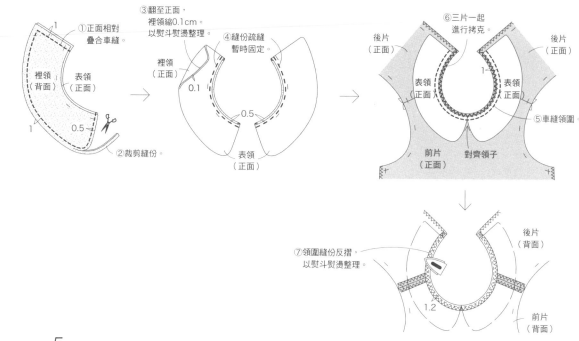

①正面相對疊合車縫。
1
裡領（背面）
表領（正面）
②裁剪縫份。
0.5
1

③翻至正面，裡領縮0.1cm。以熨斗熨燙整理。
裡領（正面）
0.1
0.5
表領（正面）
④縫份疏縫暫時固定。

⑥三片一起進行拷克。
後片（正面）
後片（正面）
表領正面
表領正面
⑤車縫領圍。
前片（正面）
對齊領子

⑦領圍縫份反摺，以熨斗熨燙整理。
後片（背面）
1.2
前片（背面）

5 製作袖子・接縫

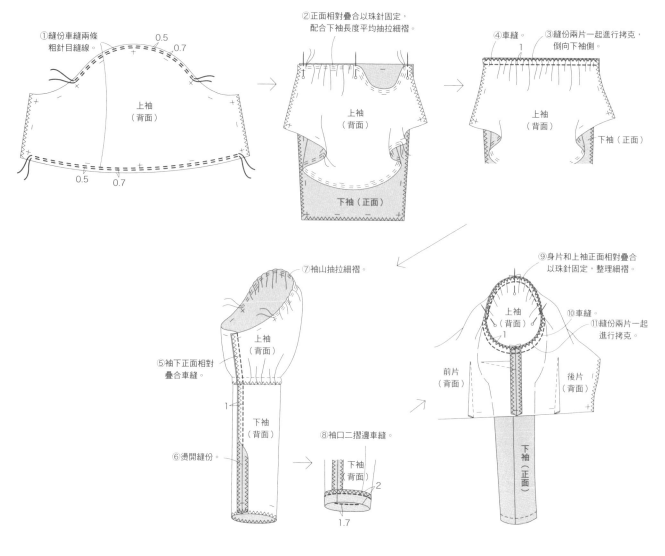

①縫份車縫兩條粗針目縫線。
0.5
0.7
上袖（背面）
0.5
0.7

②正面相對疊合以珠針固定，配合下袖長度平均抽拉細褶。
上袖（背面）
下袖（正面）

④車縫。
1
③縫份兩片一起進行拷克，倒向下袖側。
上袖（背面）
下袖（正面）

⑦袖山抽拉細褶。
上袖（背面）
⑤袖下正面相對疊合車縫。
1
下袖（背面）
⑥燙開縫份。

⑧袖口二摺邊車縫。
下袖背面
2
1.7

⑨身片和上袖正面相對疊合以珠針固定，整理細褶。
上袖（背面）
⑩車縫。
1
⑪縫份兩片一起進行拷克。
前片（背面）
後片（背面）
下袖（正面）

6 製作裙片

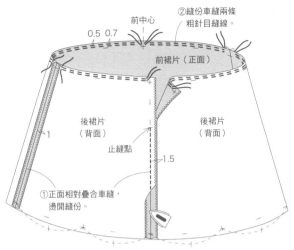

②縫份車縫兩條
粗針目縫線。

前中心

0.5 0.7

前裙片（正面）

後裙片
（背面）

後裙片
（背面）

1

止縫點

1.5

①正面相對疊合車縫，
燙開縫份。

裙片下襬分成8等份製作合印記號。

7 製作下襬荷葉邊・接縫

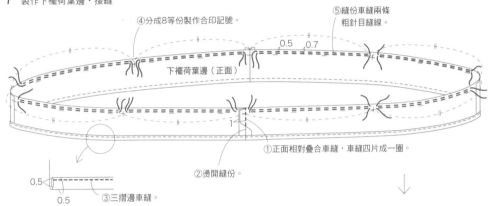

④分成8等份製作合印記號。

⑤縫份車縫兩條
粗針目縫線。

0.5 0.7

下襬荷葉邊（正面）

1

①正面相對疊合車縫，車縫四片成一圈。

②燙開縫份。

0.5

0.5

③三摺邊車縫。

裙片
（正面）

荷葉邊
（背面）

1

⑦縫份兩片一起
進行拷克。

⑧縫份倒向裙片側。

⑥裙片下襬接縫荷葉邊。
（參考P.63的5）

8 身片接縫裙片

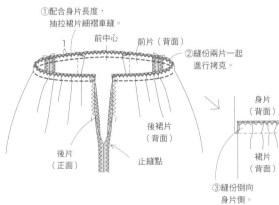

①配合身片長度，
抽拉裙片細褶車縫。

前中心

前片（背面）

1

②縫份兩片一起
進行拷克。

後裙片
（背面）

後片
（正面）

止縫點

身片
（背面）

裙片
（背面）

③縫份倒向
身片側。

10 領圍壓裝飾線

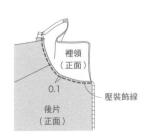

裡領
（正面）

0.1

壓裝飾線

後片
（正面）

11 裝上鉤釦

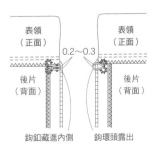

表領
（正面）

表領
（正面）

0.2~0.3

後片
（背面）

後片
（背面）

鉤釦藏進內側

鉤環頭露出

Sewing 縫紉家 18

Coser 的手作服華麗挑戰・自己作的 COS 服 × 道具

授　　權／日本 Vogue 社
譯　　者／洪鈺惠
發 行 人／詹慶和
總 編 輯／蔡麗玲
執行編輯／劉蕙寧
編　　輯／蔡毓玲・黃璟安・陳姿伶・李佳穎・李宛真
封面設計／陳麗娜
美術編輯／周盈汝・韓欣恬
內頁排版／造極
出 版 者／雅書堂文化事業有限公司
發 行 者／雅書堂文化事業有限公司
郵撥帳號／ 18225950　戶名：雅書堂文化事業有限公司
地　　址／新北市板橋區板新路 206 號 3 樓
電　　話／ (02)8952-4078
傳　　真／ (02)8952-4084
網　　址／ www.elegantbooks.com.tw
電子郵件／ elegant.books@msa.hinet.net

2016 年 09 月初版一刷　定價 480 元

IROIRO TSUKURERU COS ISHO（NV80415）
Copyright © NIHON VOGUE-SHA 2014
All rights reserved.
Photographer: Noriaki Moriya
Designers of the projects: Atelier Angelica, Usako's sewing studio, Iyo Okamoto,
Osakanamanbou, cosmode, nekoglory, Yoinohoshi, Roui Kobou
Original Japanese edition published in Japan by Nihon Vogue Co., Ltd.
Traditional Chinese translation rights arranged with Nihon Vogue Co., Ltd.
through Keio Cultural Enterprise Co., Ltd.
Traditional Chinese edition copyright © 2016 by Elegant Books Cultural
Enterprise Co., Ltd.

總經銷／朝日文化事業有限公司
進退貨地址／新北市中和區橋安街 15 巷 1 號 7 樓
電話／（02）2249-7714　傳真／（02）2249-8715

國家圖書館出版品預行編目 (CIP) 資料

Coser 的手作服華麗挑戰・自己作的 COS 服
× 道具 / 日本 Vogue 社授權；洪鈺惠譯 .
-- 初版 . -- 新北市：雅書堂文化 , 2016.09
　面；　公分 . -- (Sewing 縫紉家；18)
ISBN 978-986-302-325-8 (平裝)

1. 縫紉 2. 衣飾 3. 手工藝

426.3　　　　　　　　　　　　　105014759

服裝 design&make

- Atelier Angelica　http://atelierangelica.com/
- USAKO の洋裁工房　http://yousai.net/
- 岡本伊代
- おさかなまんぼう　http://www.osakanamanbou.jp/
- cosmode
  東京都荒川区東日暮里 6-58-2　大谷大樓 2F
  TEL：+81-3-3801-1200　http://www.cosmode.jp/
- nekoglory
- 宵の星　http://yoinohoshi.forzandojp.com/
- 留衣工房　http://louis.shop-pro.jp/

STAFF

- 攝影／森谷則秋
- 設計／ ATOM STUDIO（岩崎亜樹・鈴木聖惠）
- 作法解說・繪圖／しかのるーむ
- 紙型放版／株式會社クレイワークス
- 封面繪圖／杏
- 插畫／向田馨（P.13・P.16・P.28）
　　　　サカズキ九（P.24・P.36・P.44）
- 模特兒／蜜也（身高 165cm）
- 編輯／加藤みゆ紀

攝影協力

- MyHouse

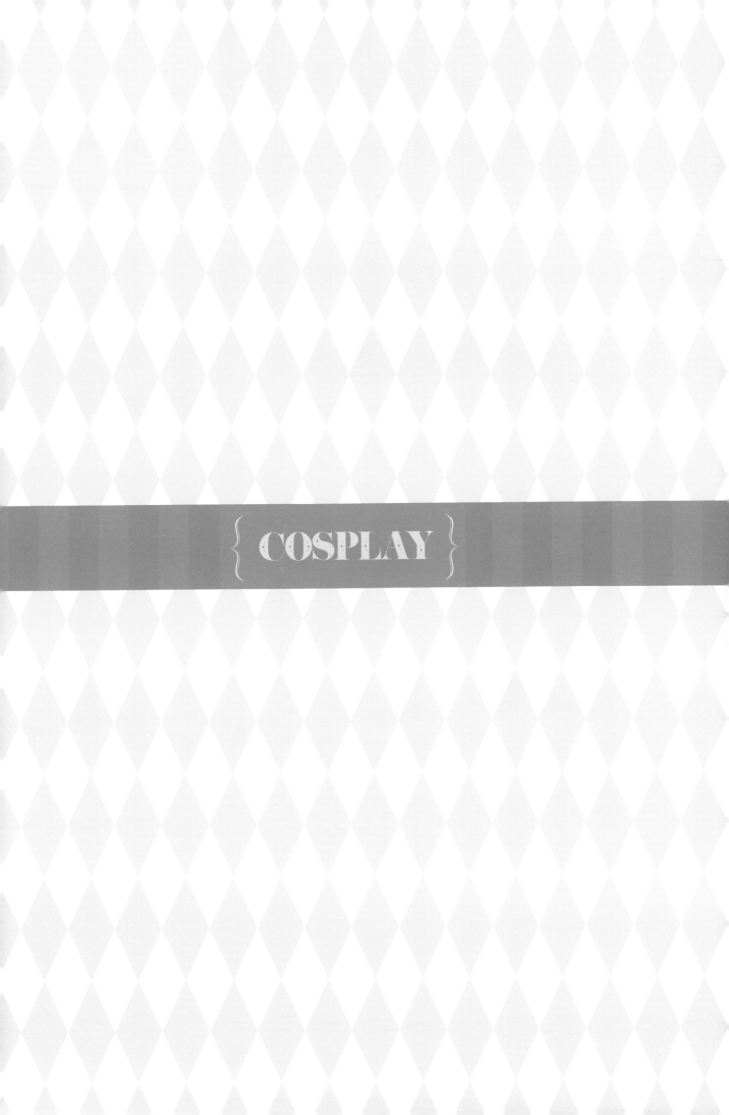

COSPLAY

SEWING 縫紉家 06

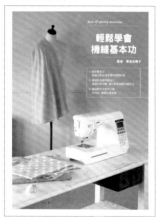

輕鬆學會機縫基本功
栗田佐穗子◎監修
定價：380 元

細節精細的衣服與小物，是如何製作出來的呢？一切都看縫紉機是否運用純熟！書中除了基本的手縫法，也介紹部分縫與能讓成品更加美觀精緻的車縫方法，並運用各種技巧製作實用的布小物與衣服，是手作新手與熟手都不能錯過的縫紉參考書！

SEWING 縫紉家 05

手作達人縫紉筆記
手作服這樣作就對了
月居良子◎著　定價：380 元

從畫紙型與裁布的基礎功夫，到實際縫紉技巧，書中皆以詳盡彩圖呈現；各種在縫紉時會遇到的眉眉角角、不同的衣服部位作法，也有清楚的插圖表示。大師的縫紉祕技整理成簡單又美觀的作法，只要依照解說就可以順利完成手作服！

SEWING 縫紉家 04

手作服基礎班
從零開始的縫紉技巧 book
水野佳子◎著　定價：380 元

書中詳細介紹了裁縫必需的基本縫紉方法，並以圖片進行解說，只要一步步跟著作，就可以完成漂亮又細緻的手作服！從整燙的方法開始、各種布料的特性、手縫與機縫的作法，不錯過任何細節，即使是從零開始的初學者也能作出充滿自信的作品！

縫紉家  Sewing

完美手作服の
必看參考書籍

SEWING 縫紉家 03

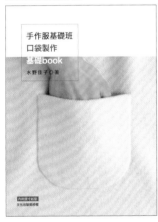

手作服基礎班
口袋製作基礎 book

手作服基礎班
口袋製作基礎 book
水野佳子◎著　定價：320 元

口袋，除了原本的盛裝物品的用途外，同樣也是衣服的設計重點之一！除了基本款與變化款的口袋，簡單的款式只要再加上拉鍊、滾邊、袋蓋、褶子，或者形狀稍微變化一下，就馬上有了不同的風貌！只要多花點心思，就能讓手作服擁有自己的味道喔！

SEWING 縫紉家 02

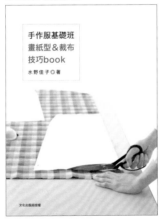

手作服基礎班
畫紙型＆裁布
技巧book

手作服基礎班
畫紙型＆裁布技巧 book
水野佳子◎著　定價：350 元

是否常看到手作書中的原寸紙型不知該如何利用呢？該如何才能把紙型線條畫得流暢自然呢？而裁剪布料也有好多學問不可不知！本書鉅細靡遺的介紹畫紙型與裁布的基礎課程，讓製作手作服的前置作業更完美！

SEWING 縫紉家 01

全圖解　晉升完美裁縫師必學基本功
裁縫聖經

全圖解 裁縫聖經（暢銷增訂版）
晉升完美裁縫師必學基本功
Boutique-sha ◎著　定價：1200 元

它就是一本縫紉的百科全書！從學習量身開始，循序漸進介紹製圖、排列紙型及各種服裝細節製作方式。清楚淺顯的列出各種基本工具、製圖符號、身體部位簡稱、打版製圖規則，讓新手的縫紉基礎可以穩紮穩打！而衣服的領子、袖子、口袋、腰部、下襬都有好多種不一樣的設計，要怎麼車縫表現才完美，已有手作經驗的老手看這本就對了！

{ COSPLAY }